高素质农民培育系列教材

数字农业

为农业装上智慧"脑"

SHUZI NONGYE

WEI NONGYE ZHUANGSHANG ZHIHUI "NAO"

董擎辉　毕洪文　郑妍妍　王红蕾　主编

黑龙江科学技术出版社

HEILONGJIANG SCIENCE AND TECHNOLOGY PRESS

董擎辉

副研究员。黑龙江省农业科学院农业遥感与信息研究所农业传媒研究室主任，国家耐盐碱水稻技术创新中心东北中心科普宣传团队首席科学家，黑龙江省绿色有机农业协同创新与推广体系岗位专家，黑龙江省农业科学院领军人才梯队（农业传媒与科普宣传）学科带头人；中国农业科教电影电视联盟理事。主持及参加国家、省、地厅级项目20余项；获省部级科技进步奖2项，获国家级、省级科普奖励12项；发表论文22篇，主编及副主编论著17部，授权国家专利及软著10余项。

毕洪文

二级研究员。黑龙江省级领军人才梯队（信息经济学）学科带头人，黑龙江省数字农业产业技术体系主任岗位专家；中国农业技术经济学会常务理事，中国农学会农业监测预警分会、图书情报分会副主任委员。主持国家重点研发计划课题、省自然科学基金面上项目等19项；获省科技进步二等奖4项；发表论文20余篇，主编及副主编论著7部，授权国家专利及软著20余项。

郑妍妍

副研究员。黑龙江省农业科学院农业遥感与信息研究所所长，国家耐盐碱水稻技术创新中心东北中心数据监测团队首席科学家，黑龙江省现代农业协同创新体系主任岗专家，黑龙江省巾帼科技助农直通车专家；中国农学会图书情报分会副秘书长，中国农业绿色发展研究会理事，黑龙江省女科协理事。主持及参加国家、省、市项目20余项；获省软科学奖、科普奖等奖项10余项；发表论文20余篇，主编及副主编论著7部，授权国家专利及软著20余项。

王红蕾

副研究员。黑龙江省饲草饲料协同创新推广体系饲草智慧产业协同创新岗位专家，黑龙江省级领军人才梯队（信息经济学）成员。先后主持地厅级课题4项，参加国家、省部级及地厅级50余项；获得省农业农村改革发展软科学研究成果二等项1项，省科普视频优秀奖4项，省优秀科普图书1项；发表论文40余篇，主编及副主编论著15部，授权国家专利软著20项。

《数字农业：为农业装上智慧"脑"》
编 委 会

主　编　董擎辉　毕洪文　郑妍妍　王红蕾

副主编　龙江雨　赵　璞　冯延江　许　真　张有智

编　委　（按姓氏笔画排序）

马文东　王　阳　王　麒　王红蕾　王桂玲　王晓楠

王曼力　王敬元　卞景阳　龙江雨　冯延江　毕洪文

刘　凯　刘克宝　许　真　苏　戈　李　杨　吴国瑞

宋秋来　张宇（大）张宇（小）　张　超　张有智

张雨婷　张效霏　张海峰　张喜娟　陆忠军　邵　凯

国殿波　郑妍妍　赵　璞　赵　蕾　赵宇昕　郭俊祥

崔恩权　董擎辉　韩　哲　潘思杨　潘晶婷

前　言

　　21世纪的今天,人类社会正处于一个科技飞速发展的时代,这个时代的显著特征就是数字化、网络化和智能化。在这个时代,农业也正在经历一场深刻的变革,数字农业逐渐成为这场变革的核心。数字技术正在逐渐改变着传统农业生产方式,引领着农业现代化发展的新浪潮。

　　近年来,数字农业在全球范围内得到了广泛关注和快速发展。数字农业利用数字技术手段对农业生产、经营、管理等方面进行信息化、智能化的改造,全世界各国政府纷纷出台政策支持数字农业的发展,企业也纷纷投入研发力量,推动数字农业技术的创新与应用。目前,数字农业已经在种植业、畜牧业、渔业等多个领域取得了显著的成果。通过运用大数据、云计算和物联网等前沿技术,实现对农业生产全过程的精细化管理,旨在提高农业生产效率、降低生产成本、保障粮食安全,并推动农业可持续发展。

　　本书根据国家数字农业发展规划和我国农业安全问题,以通俗易懂、简洁明晰的语言表达方式,以及民俗化、趣味化、动漫化的表现形式,从普及数字农业相关知识的角度出发,较全面地介绍了数字农业研究领域的相关概念和核心技术。

　　本书深入阐述物联网、卫星遥感、大数据、智慧农业等新一代数字技术在农业领域的应用和优势,介绍它们在改造提升农业的生产模式、农产品流通模式和农业信息服务模式等方面发挥的重要作用。这些技术,以其灵活便捷、应用性广、渗透力强等优势和功能,为农业现代化发展提供了强大的支持。

　　由于数字农业技术尚处于不断发展和探索阶段,相关理论和技术还需要完善,同时,限于编者的学识水平,书中可能存在不足或不当之处,敬请广大读者批评指正。

目　录

第一章

数字农业概述

【导语】

在 21 世纪的今天，科技的发展日新月异，人们的生活方式也在不断地改变。在这个信息化、智能化的时代，数字农业应运而生，成为农业发展的新趋势。数字农业是指通过现代信息技术手段，实现农业生产全过程的数字化、网络化、智能化，从而提高农业生产效率、降低生产成本、保障粮食安全的一种现代农业发展模式。

在数字农业的发展过程中，大数据技术发挥着举足轻重的作用。大数据技术可以帮助农业生产者更好地了解市场需求，为农产品的销售提供有力支持。通过对历史数据的挖掘和分析，农业生产者可以预测未来的市场趋势，从而调整生产计划，提高农产品的市场竞争力。此外，大数据技术还可以帮助农业生产者实时监测农田环境，为农业生产提供科学依据。例如，通过对气象数据的分析，农业生产者可以预测未来一段时间内的天气变化，从而合理安排灌溉、施肥等工作，提高农业生产的效率。

物联网技术也是数字农业发展的重要支撑。物联网技术可以实现农业生产环节的自动化、智能化，从而提高农业生产效率。例如，通过安装在农田中的传感器，农业生产者可以实时监测土壤湿度、温度等关键参数，从而实现精确灌溉、精确施肥。此外，物联网技术还可以实现对农作物生长状况的实时监测。通过对农作物生长状况的实时监测，农业生产者可以及时发现病虫害等问题，从而采取有效措施进行防治，保障农作物的产量和品质。

云计算技术在数字农业中的应用也日益广泛。云计算技术可以为农业生产提供强大的计算能力，帮助农业生产者处理大量的数据。例如，通过云计算平台，农业生产者可以轻松地存储和管理大量的农田数据、气候数据等信息。此外，云计算技术还可以为农业生产提供强大的数据分析能力。通过对大量数据的挖掘和分析，农业生产者可以发现潜在的问题和机会，从而制定更加科学的生产策略。

人工智能技术在数字农业中的应用也日益成熟。人工智能技术可以帮助农业生产者实现对农作物生长状况的智能诊断。通过对农作物生长状况的图像识别和分析，人工智能技术可以为农业生产者提供精确的诊断结果。此外，人工智能技术还可以帮助农业生产者实现对病虫害的智能识别和预警。通过对病虫害特征的学习和分析，人工智能技术可以为农业生产者提供及时的预警信息，从而采取有效措施进行防治。

总之，数字农业作为现代农业发展的新趋势，正以其独特的优势改变着传统农业的生产模式。在未来的发展中，数字农业将为农业生产带来更多的创新和变革，为实现农业现代化、保障粮食安全做出更大的贡献。然而，我们也应该看到，数字农业的发展还面临着诸多挑战，如数据安全、技术普及等问题。

因此，我们需要采取一系列措施来应对这些挑战。首先，政府要加强政策引导，制定更加积极的政策来支持数字农业发展。其次，我们要加强技术创新和人才培养等方面的工作，推动数字农业的健康、可持续发展。

第一节　农业 1.0—4.0 发展历程

随着科技的不断进步和社会的发展，农业领域也在经历革命性的改变。从原始农业方式，到传统农业方式，再到现代化的农业体系，农业在不同的历史阶段经历了显著的转变。经过了数千年的发展，农业经历了从原始农业、传统农业、近代农业到现代农业的辉煌历程。它的每一个阶段都代表着人类社会整体发展的重要标志，展示了人类智慧和努力的不断演进。

一、农业 1.0 阶段

农业发端于距今 1 万年左右的新石器时期。农业的产生是人类历史上最大的转折点，是人类社会历史上的第一次革命。人类使用石器和木棍进行渔猎采集已有二百余万年的历史，这标志着人类对自然界进行改造的开端。

农业 1.0 阶段代表了原始农业时代，从大约 5000 年前一直持续到 18 世纪。这一阶段是人力与畜

力为主的时代，在农业社会漫长的发展过程中，人类最重要的劳动工具是用以开发土地资源的各种简单手工工具和畜力，它们是对人类体力劳动的有限缓解，并没有从根本上把人类的生产活动从繁重的体力劳动中解放出来。纵观人类社会的发展历程，尽管生产工具从早期的石器、青铜器发展到后来的铁器，但从整体来讲，在农业社会阶段，生产工具仍然处于初级阶段，其只是对人体局部功能的有限延伸。

口袋卡

达尔文在《物种起源》中写道："家养动物的最显著的特征之一是我们所看到的，它们的确不是为了适应动物或植物自身的利益，而是为了适应人类的使用或爱好。"

1. 农业的发端

人类自诞生以来就需要从环境中持续地获取能量，以此保证自身的生存和发展。在远古时期，人类的祖先为了寻找更多的食物，迈开了人类进步和文明的第一步。为了生存，他们逐渐学会了使用工具，也就是粗制的、没有磨制的石器，而且学会了用火。在此阶段，人类只是利用自然界的动植物，并未从事生产。

在新石器阶段，人类学会了借助外力，打制石器并将其作为工具，并发明了弓箭和陶器。人类对野生动植物的驯化，逐步替代采集和狩猎，从而造就了人类灿烂的农业文明。

在原始农业阶段，农业技术的进步首先表现在使用的工具上，其次表现在耕作方式上，再次表现在野生动物的驯化上，最后表现在对农业生产条件的改善上。

原始农业的特征：

（1）石器农具的应用。

（2）动植物驯化和自然生态条件下的粗放种植与养殖。

（3）劳动的动力是人力。

（4）原始农业的产生逐步替代了采集和狩猎。

2. 物种起源传说

（1）五谷：神话传说中关于五谷的来源主要是上天所赐。古籍中提到"神农之时，天雨粟""诞降嘉种""贻我来牟，帝命率育""丹雀衔九穗禾，其坠地者，帝乃拾之，以植于田"等，都描绘了稻、麦、黍、菽、稷等种子从天而降，人们加以种植才成为主要粮食的情景。

| 稻 | 麦 | 黍 | 菽 | 稷 |

（2）六畜：除了黄帝"淳化鸟兽虫蛾"的记载外，关于六畜的记载非常有限。只有民间神话传说涉及了这方面的内容。在湖北省孝感市一带的汉族中间，有则"女娲造六畜"的神话传说："相传女娲娘娘是先造六畜后造人。"

（3）人物：相传伏羲氏的时代，人们过着"结绳而为网罟，以佃以渔"的生活。至神农氏时期，才"制耒耜，教民农作"，有了农业。而最早的农业是由采集业逐渐发展而来的。

伏羲氏　　　　神农氏

农业 1.0 阶段，是以体力劳动为主的原始农业时代，主要依靠个人体力劳动及畜力劳动，抗御自然灾害能力较差，过着"靠天吃饭"的日子。

农业的发展历程告诉我们：每一次科技和工具上的重大突破和革命，都将农业推上一个新的台阶，进入到一个新的历史时期。

二、农业 2.0 阶段

农业 2.0 阶段代表了传统农业时代，是指从铁制农具的使用到近代农业机械的出现之前这一农业发展阶段。在原始社会末期，由于人类生产力水平较低，生产工具比较落后，加上人们不懂得保护环境和合理利用自然资源，导致生态环境遭到严重破坏。为了适应生存需要，人类开始采用集体的方式来改善自然环境、保护生态环境。随着生产水平和技术的不断进步，农业生产进入了 2.0 时代。

在农业 2.0 阶段，农业生产技术主要以轮作、农牧结合的二圃、三圃、四圃制、灌溉农业、传统耕作等方法为主。农业生产仍然比较落后，生产管理粗放。例如，播种时采用撒播式，几乎没有田间管理。青铜的冶炼和青铜工具的出现，以及后来铁的冶炼和应用，使得手工制造的金属农具得以广泛应用。

1. 耕作方式的演变

（1）耕作方式：刀耕火种——铁犁牛耕。

（2）耕作技术：春秋时期，牛耕技术；汉代，牛耕普及。

2. 传统农业的特征

（1）金属农具和木质农具的应用。

（2）精耕细作是古代农业的鲜明特点。

（3）劳动的动力是人力、畜力和其他自然力，如风力、水力。铁犁牛耕既是传统农业的主要耕作工具，也是主要耕作方式。

传统农业以人力畜力为主要动力，金属农具的应用，引发了劳动工具、土地加工、水利灌溉、施肥改土、耕作制度等一系列的革命性发展，逐步形成了精耕细作的技术体系，从而提高了土地生产率，初步实现土地用养结合，保持了生态系统的相对稳定，从而创造了辉煌的农业文明。

三、农业 3.0 阶段

农业 3.0 阶段代表了近代农业时代，是农业机械发展最快的时代。19 世纪以后，农业机械由以手工生产为主过渡到各种农业机械。农业机械的应用大幅度降低了农业劳动强度，提高了劳动生产率，也满足了日益增长的工业对农业原料的需要。

1. 工业化农业时代

（1）工业：18 世纪，英国成功设计出种子条播机、脱谷机、收割机、饲料配制机；19 世纪，内燃拖拉机的产生使畜力牵引被机械动力所替代；20 世纪，化肥、农药工业取得了长足发展，如合成氨、尿素、对硫磷等。

（2）生物学：19 世纪，德国学者施莱登、施旺创立了细胞学说，英国学者达尔文创立了进化论，德国学者李比希创立了植物矿质营养学说，奥地利生物学家孟德尔和美国生物学家摩尔根建立了遗传理论，俄国土壤学家道库恰耶夫发展了土壤学科。

施莱登　　　　　施旺　　　　　达尔文

李比希　　　孟德尔　　　摩尔根　　　道库恰耶夫

（3）三次大突破：

第一次：20 世纪 30 年代，美国双交玉米种的推广，由原来的亩产 100 千克增加到 350 千克；**第二次**：20 世纪 40 年代，墨西哥选育的矮秆、高产、抗病、耐肥、抗倒伏、广适应的小麦品种，亩产由原来的 50 千克增加到 250 千克，并由此掀起一场"绿色革命"；**第三次**：20 世纪 60 年代，菲律宾国际水稻研究所培育出矮秆、早熟、高产新品系 IR-8，一季稻亩产可达 600 ~ 650 千克。

2. 良种化、化学化、机械化的应用

良种——产量潜力；化肥——增产措施；农药——病虫草害防治——稳产措施；机械——提高劳动生产率。

3. 近代农业的特征

（1）机电工具和无机能源的大量应用。
（2）动植物育种和科学的种植与养殖。
（3）投入增加，化学品广泛应用，技术密集。
（4）产业分化，形成专业化、社会化的商品经济结构。

近代农业正处于人类社会第二次科技革命时期，物理学、化学、生物学、地学等学科的研究成果不断涌现，并且大量渗入农业领域。农业的良种化、化学化、机械化的应用日益普遍，科学的农业生产技术体系开始形成，为农业发展带来新面貌。

贡献：由于生产工具和科技的飞跃进步，以及农业领域以外能源的大量流入，极大地提高了农业劳动生产率。这进一步引发了社会分工，从此农业的商品经济取代了自然经济。

缺陷：能源浪费、化学品污染、环境污染、自然环境破坏，以及城乡经济发展不平衡。由于农业受到严重盘剥，致使农业严重落后于工业，农村也严重落后于城市。

四、农业 4.0 时代

农业 4.0 阶段代表了现代农业时代，这一时期伴随着人类对近代农业所带来的环境污染和不可持续发展问题的深入认识。现代农业的生产工具以智能化和机械化为特征，依托高新技术向信息化、自动化和智能化方向发展。农业 4.0 代表了农业领域的数字化革命，将信息技术、大数据和智能应用到农业生产的全过程。

墙面　空中

"农业4.0"特点

屋顶

农业4.0时代的种植场所，将更加多样化、碎片化、自由化。借助更为成熟的循环滴灌、嵌入式种植、物联智控等技术，植物将摆脱土壤的束缚，进入到千家万户。室内、阳台、屋顶、墙面、空中等人类能生存的环境，都将实现植物的正常种植，真正实现所见即所得。

阳台

室内

摆脱土壤束缚

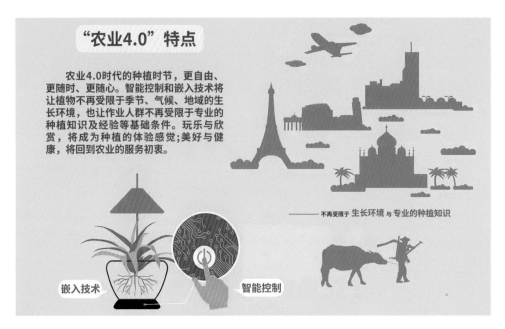

"农业4.0"特点

农业4.0时代的种植时节，更自由、更随时、更随心。智能控制和嵌入技术将让植物不再受限于季节、气候、地域的生长环境，也让作业人群不再受限于专业的种植知识及经验等基础条件。玩乐与欣赏，将成为种植的体验感觉；美好与健康，将回到农业的服务初衷。

不再受限于 生长环境 与专业的种植知识

嵌入技术　　智能控制

1. 特点

数字化农业管理。 将传感器、物联网和数据分析应用于农业生产，实现实时监测、远程管理和数据分析。农民可以通过智能设备收集有关土壤、气象、作物和畜牧业的数据，以做出更明智的决策。

智能农业机械。 引入了智能农机，如自动化收割机器人、智能灌溉系统和精确播种设备。这些机器能够自主执行任务，减少了对人工劳动力的依赖。

精准农业实践。 通过数据分析和智能技术，实现了农业实践的精确化。这包括精确施肥、灌溉、病虫害监测和管理，以及种植计划的优化。

决策支持系统。 利用大数据和人工智能，提供决策支持系统，帮助农民做出更明智的经营和管理决策。这些系统可以预测气象变化、作物病虫害暴发和市场需求。

可持续性和资源效率。 注重可持续性，通过更有效地利用水资源、减少农药和肥料的使用、减少浪费，以及提高作物产量，实现了资源效率的提高。

2. 优势

提高生产效率。 可以实时监测作物和牲畜的健康状况，农民可以更快速地发现并解决潜在的问题，从而提高产量。

节约资源。 通过精确的施肥、灌溉和病虫害管理，可以减少对水、肥料和农药的浪费，降低生产成本。

提高质量和可追溯性。 提高了农产品的质量和可追溯性，可以更好地监测和控制农产品的生长环境。此外，这些技术还提供了溯源系统，使得消费者可以追踪农产品的来源和质量。

减少人工劳动。 智能农机可以自主执行农业任务，减少了对人工劳动力的需求，特别是在劳动力短缺的地区。

决策支持。 决策支持系统和大数据分析帮助农民做出更明智的经营决策，提高了农业的可持续性和竞争力。

农业 1.0 到农业 4.0 的演变反映了农业领域的巨大变革。从原始农业到传统的耕作方式，从现代农业到智能化的农田管理，农业在追求更高效、可持续和环保的方向上不断迈进。

农业 4.0 时代代表了一个智能化的未来，通过利用现代技术和数据分析来提高生产效率，减少资源浪费，保护生态系统。

随着科技的不断发展，我们有理由期待农业领域将继续迎来更多的创新和改进，以满足不断增长的全球食品需求，同时保护地球资源。这种演进也提醒我们，农业的可持续性和环境保护至关重要，我们应该寻求创新解决方案，确保未来农业的持续发展。

第二节 数字农业基础

一、基本概念和特征

(一)基本概念

"数字农业"的英文名称是"digital agriculture",更确切的翻译应该是"数字化农业"(简称数字农业)。1997 年,美国科学院和工程院两院院士经过讨论,正式提出了数字农业的概念。数字农业是指在信息技术和地学空间技术的支持下,实现农业集约化和信息化的农业技术。数字农业是"数字地球"在农业领域的延伸,其概念体现了数据和技术的综合集成。

数字农业有广义和狭义之分。广义的数字农业,即信息化农业,包括农业要素、农业过程的数字化、网络化、自动化以及智能化,形成数字驱动的农业生产管理体系。狭义的数字农业,是以农业空间信息机制为基础的、以 3S 技术为支撑的农业系统空间信息技术体系。1998 年,美国副总统阿尔 戈尔再次把数字农业定义为:数字地球与智能农机技术相结合产生的农业生产和管理技术。具体地讲,数字农业技术系统以大田耕作为基础,定位到每一寸土地。从耕地、播种、灌溉、施肥、中耕、田间管理、植物保护、产量预测到收获、保存、管理的全过程实现数字化、网络化和智能化,全部应用遥感、遥测、遥控、计算机等先进技术,以实现农业生产的信息驱动、科学经营、知识管理、合理作业。数字农业以促进农业增产为目的,使每一寸土地都得到最优化利用,形成一个全面的农业信息技术系统。该系统包括对农作物、气象和土壤从宏观到微观的监测预测,以及农作物生长发育状况和环境要素的现实时动态分析、诊断、预测、耕作措施和管理方案的决策支持。数字农业包含以下几个内容:

（1）数字农业要求农业各个方面的各种过程全面实现数字化，也就是说，各种农业过程都要应用二进制的数字（0、1）以及数学模型加以表达。

（2）数字农业强调广泛地应用各种农业信息技术，以促进农业生产和管理的高效化和精准化。

（3）数字农业要求在农业的各个部门全面实现数字化与网络化管理。

事实上，数字农业是多领域、多学科技术综合利用的产物。它不仅涵盖了现代化农业中使用的土壤成分分析技术、高效节能灌溉技术、机械化耕作和科学种植技术，更重要的是应用了 3S 技术、计算机网络技术等高科技。这些技术的应用实现了农业生产从微观到宏观的管理与监测，从而更好地进行农业生产的综合管理，达到增产、增收、增效的目的。数字农业主要是从宏观层面出发，以高科技手段为支撑，实现农业信息化和集约化经营。同时，数字农业在宏观指导下，也涵盖了精确农业的内容。它不仅存在于农业生产的农、林、牧、渔各大产业之间，而且还贯穿于种、养、收、储、销等各个环节之中。因此，数字农业是技术进步与农业生产过程高度结合的产物。

数字农业是一个学术性很强的综合概念。近年来，与数字农业技术体系有关的理论基础和应用技术研究，已经成为发达国家发展高新技术农业的侧重点，成为极其活跃的科技创新领域。数字农业是一项集农业科学、地球科学、信息科学、计算机科学、空间对地观测、数字通信、环境科学等众多学科理论与技术于一体的现代科学体系，是由理论、技术和工程构成的"三位一体"的庞大系统工程。

数字农业是对有关农业资源、技术、环境、经济等各类数据的获取、存储、处理、分析、查询、预测与决策支持系统的总称。数字农业是信息技术在农业中应用的高级阶段，是农业信息化的必由之路。农业信息化、智能化、精确化与数字化将是信息技术在农业中应用的结果。

实现农业农村现代化、保障我国的食品安全、全面建成小康社会的关键在于推动农业科技的发展，创造条件进行一次新的技术革命，促使传统农业向现代农业转变，促使粗放生产向集约化经营转变。可以预见，数字农业及其相关技术的快速发展和推广应用，必将成为 21 世纪农业科技革命不可缺少的重要内容，必将推动农

业向高产、优质、高效及可持续方向发展，并在带动广大农民致富和全面建成小康社会中发挥越来越重要的作用。

中国是一个农业大国，但农业科学技术的研究及应用相对滞后。党中央多次提出要加速我国农业信息化进程，保障我国的粮食安全，推动农业科学技术发展，促使传统农业向现代农业转变，推动粗放生产向集约经营转变。

数字农业是农业信息化的核心和具体表现形式，是"数字中国"和"数字地球"的重要组成部分。而"数字中国"和"数字地球"的发展也推动着数字农业工作的深入发展，进而推动农业技术革命，促进农业的两个转变和农业的新发展。因此，数字农业是"数字中国"和"数字地球"的重要切入点，也是实现我国农业信息化的基础。

（二）五大特征

1. 物联网技术的应用让农业生产更高效

物联网技术的应用，可以使管理信息系统的数据由人工采集、输入，变为传感器采集、实时传送到系统，这样可以及时获取数据，以及提高数据的准确性，避免人为错误。在现代农业生产中，物联网技术已广泛应用于设施和设备领域，极大地提高了生产设施和设备的数字智能化水平，实现了整个农业生产过程的数字化控制和智能化生产管理。

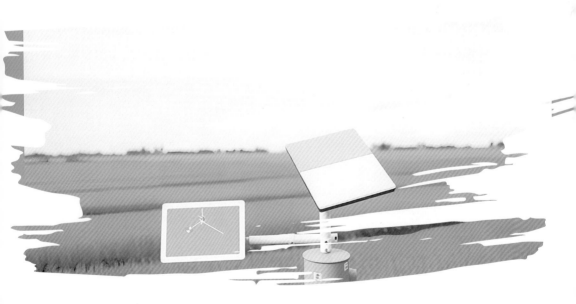

2.农业大数据助推农业高质量发展

农业大数据在开放系统中收集、鉴别、标志数据，并建立数据库，通过参数、模型和算法来组合和优化海量数据，为生产操作和经营决策提供依据。大数据主要应用于大田作物，通过计算机运算进行，海量的基因信息流可以在云端被创造和分析，同时进行假设验证、试验规划、定义和开发。这样，育种家就可以高效确定品种的适宜区域和抗性表现。这项新技术的发展不仅有助于更低成本更快地决策，而且能探索很多以前无法完成的事。

3.精准农业促进合理利用资源

精准农业涵盖了施肥、植物保护、精量播种等领域，旨在通过及时对农作物进行管理，并分析作物苗情、病虫害等发生的趋势，模拟并优化农业投入，为资源有效利用提供必要的空间信息。在获取上述信息的基础上，利用智能化专家系统，准确地进行灌溉、施肥、喷洒农药。最大限度地优化农业投入，在保质保量的同时，保护土地资源和生态环境。

4.智慧农业成为新型农业发展形式

智慧农业是能够打破传统农业落后面貌的新型农业发展形式，是建立在经验模型基础上的专家决策系统。智慧农业强调智能化的决策系统，并配备专业的硬件设施。其决策模型和系统广泛应用于农业物联网和农业大数据领域。智慧农业依托于现代科学技术为现代农业提供综合解决方案，并按需定制发展计划。

5.农业数字化转型是农业现代化的必然选择

当前，数字农业展现出巨大的发展潜力和广阔的应用前景。与其他行业相比，农业数字经济还是一片新开发的领域。数字技术的应用将推动传统农业各领域各环节的数字化转型，为农村经济高质量发展增添新动能。数字技术对提高土地产出率、劳动生产率、资源利用率的作用日益显著，其在农业中的应用推广也呈现出鲜明的特点。

农业数字化转型推动农业绿色可持续发展，有助于最大程度地减少投入，降低成本，保障农产品质量安全。农业数字化转型促进农产品产销精准对接，推动农产品生产流通各环节的数字化，提高产需双方信息获取效率和处理效率，降低交易过程中的不确定性。通过利用大数据和人工智能，将经验、知识和技术数据化，实现智能化、产业化、高效化生产，能有效解决劳动力缺乏、行业风险高和生产效益低等问题。

二、农业数字化的意义

数字农业是数字地球技术体系在农业领域的具体应用，是农业信息化的核心，也是21世纪农业的重要标志。发展数字农业及相关技术是发展现代农业必然选择，是实现农业现代化的重要支撑。我国是一个人口大国，耕地、水等农业资源的人均占有量远低于世界平均水平，农业的可持续发展面临诸多严峻挑战。因此，建设数字农业，对我国农业的跨越式发展具有重要意义。

1. 数字农业有助于农产品质量安全监控

随着我国工业化、信息化、城镇化、农业现代化的快速推进，农产品质量安全与农业产业发展的关联度越来越大。一旦质量安全问题处理不好，就会对整个产业造成巨大冲击，给广大农户造成重大损失。因此，可以说，没有农产品的质量安全，就没有农业产业的健康发展，就没有农民收入的持续增长，就没有农村社会的和谐稳定。

习近平总书记曾在中央农村工作会议上强调："能不能在食品安全问题上给老百姓一个满意的交代，是对我们执政能力的重大考验。"他提出了农产品质量安全是"产出来""管出来"等重要论断，要求用最严谨的标准、最严格的监管、最严厉的处罚、最严肃的问责"四个最严"治理食品安全问题。由此可见，中央对农产品质量安全问题高度重视，将其提升到了很高的地位，并且采取了严格的措施加以治理。

对农产品质量安全进行监控，可以从以下两个方面入手：

（1）建立农产品质量追溯制度。农产品质量安全追溯制度主要采取以下三种方式：第一种是直接追溯方式。通过农超对接、农居对接、农企对接、农校对接等直供模式，以农业龙头企业、农产品营销企业、农民种植专业合作社为供应平台，由企业、合作社将统一品牌、统一包装的农产品直接提供给居民、学校、企事业单位，实现农产品基地和市民餐桌直接对接。第二种是纸质追溯方式。生产者需要在农业生产过程中做好各项记录，如农药与肥料的采购记录、使用记录、检测记录、采收记录、销售记录等。第三种是电子信息追溯方式（远程追溯）。通过现代化的电子技术，记录和上传各种农产品生产数据，监管部门给产品配发条形码或身份号码、二维码。消费者可以通过电子产品，如手机、电脑等，追溯到农产品的生产源头。

（2）**加大涉及农产品质量安全案件执法处置力度。**依法查处销售、使用高毒农药和非法添加禁用高毒农药成分等行为，加大对农业生产中禁用、限用、滥用高毒高残留农药的处置力度。

2. 数字农业有助于改善农业生态环境

（1）**过量施肥对农业生态环境的影响。**"农业污染"主要指过度施用化肥、农药造成的土壤污染，焚烧秸秆造成的环境污染和土壤氮、磷、钾的流失以及畜禽粪便对水体的污染。此外温室农业产生的塑料等废弃物也会对环境造成污染。这类污染由于发生范围广、持续时间长，并疏于治理，已给农业生产乃至社会经济的可持续发展带来了负面影响。

在从事种植业生产过程中，通常要实施灌溉、外部投入（化肥、农药等）、机械作业等措施，然而这些农业生产的基本措施也会对生态环境带来不利影响。在干旱地区，大约10%的灌溉土地受到盐渍化影响，并且受影响的面积还在不断增加。农药、化肥的过量使用和不合理的施用，不仅污染和破坏了水环境，还会对土壤和农作物造成负面影响。一些大城市郊区的蔬菜农药检出率超过50%，表明农药污染的严重性。农药污染会直接危害人类健康，同时也严重影响了有益生物的生存。如：鸟、青蛙、蛇和蜜蜂等在农田已经越来越少见。在牧区，由于大量施用农药灭鼠，也同样毒死了鼠的天敌，破坏了自然的生态平衡，使一些害虫、害兽更加猖獗。目前，我国化肥施用量已达每公顷380千克，超过世界平均水平3倍。长期施用化肥，再加上农业机械作业，使土壤恶化板结，有机质含量下降。同时，农用地膜也带来白色污染，不仅影响自然景观，而且破坏土壤，影响农作物产量。

随着科技进步，人们开始对土地如何施肥提出更多的要求。然而现实中，粗放的农业生产对环境造成的污染往往被忽视。因此，专家呼吁要科学施用化肥农药，注意化学品农业污染。

调查显示，我国化肥使用量占世界的35%。大量盲目施用化肥已成一种掠夺性开发，不仅难以推动粮食增产，反而破坏了土壤的内在结构，造成土壤板结和地力下降。有数据显示，新中国成立初期，我国大部分土地有机质含量是7%，现在下降至3%～4%，流失速度是美国的5倍。而在发达国家，为了保护土壤，施用化肥就像我们吃盐一样精细。

农药的过量施用对环境的危害非常大。中国工程院院士张子仪指出，新中国成立初期我国使用的六氯环己烷农药化学成分到现在还没有完全分解。目前，国际市场上对农产品的首要要求是安全清洁，否则就会被排除在"绿色壁垒"之外。

过度施用化肥导致土壤中有机质不断下降，而大量焚烧秸秆又烧掉了氮磷钾等来源于耕地中宝贵的营养。据专家介绍，我国目前年产秸秆约6亿吨，还田的只有1亿多吨，还田面积只占全国耕地面积的1/3。在农业大省河南，每年几乎有一半的秸秆被烧掉。专家指出，大力发展秸秆还田，补充土壤营养，优化农田生态环境已成为当务之急。

（2）改善农业生态环境的措施。针对"农业污染"的治理，专家们提出了一些好的建议和思路。著名农业专家路明认为，治理工业污染需要大量的工程措施；而治理农业污染则应运用自然之法，即按生态规律建设现代生态农业，这样往往会收到事半功倍的效果。

我国传统农业符合生态原理，讲究农牧结合，施用粪便等有机肥，利用豆科作物固氮，还有许多土壤保护措施，都是值得继承和发扬的。

自 20 世纪 70 年代起，人们开始关注土壤和农作物条件的变化与改善管理之间的关系。在生产实践、栽培管理、测土施肥和病虫害防治等工作中，农学专家揭示了农田内小区农作物产量和生长环境条件明显的时空差异性。美国一些农业科研部门、高校及农业装备企业纷纷组织起来，寻求一种可行的经营管理模式，这种模式能依据当地当时的具体情况，制定灌溉、排水、中耕、施肥和喷药等农业作业措施，并在高度发达的农业机械化和信息化技术指导下进行控制作业，提出了精确农业及相关概念。

20 世纪 80 年代初，已有精确农业概念的商业化应用。而自 20 世纪 80 年代后期以来，随着全球定位系统、地理信息系统、遥感技术、数据采集传感器、智能化农业装备及决策支持系统技术的发展，精确农业技术在美国等发达国家蓬勃兴起。

精确农业变量施肥是精确农业中核心技术之一。精确农业强调对田间不同地点的差异性进行管理，克服肥料、种子、水分、农药等使用的不合理性，即依据土壤条件的差异实施有区别的管理。

精确农业从理论上讲，可以合理施肥，在产量基本稳定的前提下，提高农产品品质，降低过量施肥对农业生态环境的危害。精确农业变量施肥技术研究内容包括：土壤养分数据空间信息的获取和产量信息获取；产量限制因子、控制因子的分析；施肥模型的研制和选用；确定处方单元的大小；处方图生成并交由智能农机进行作业；精准施肥单项技术环境经济效益分析和评价并将结果反馈给施肥模型。

精确农业的意义或效益主要表现为两个方面：①减少投入，提高农作物产量和品质。在农作物田块内，依据特定小区的农作物生产潜力而投入不同水平的管理（变量播种、施肥、喷药等），通过提高化肥、农药的有效利用率来降低农用成本，同时减少农作物中有毒物质的残留量，提高农作物的产量和品质。②保护环境，减少因农业化学物质的滥用而造成环境污染的风险。实施精确农业是保持农业可持续发展的有效途径，达到经济、生态和社会效益的协调发展。

第三节　数字农业的现实需求

一、数字农业主要研究领域

1. 农业要素的数字信息化

任何农业系统都包括四大要素，即生物、环境、技术和社会经济要素。每个要素中又包含多个因素,如生物要素中,在农作物方面有大豆、水稻、玉米、马铃薯等要素;而同一种农作物的生长发育,又包含光合、呼吸、蒸腾、营养等因素。所有这些因素,按照数字农业的数字信息化的要求,都需用二进制数字表达。

（1）数字农业技术标准化体系研究。内容包括：研究制定数字农业的实施标准、开发标准、接口标准、信息采集标准、元数据标准和信息共享标准；研究制定数字农业实施规范,指导数字农业建设规范化实施和发展,形成数字农业的发展体系；跟踪国内外数字农业的发

展动态,研究制定数字农业发展战略,并对数字农业的发展进行动态跟踪和评估。

（2）共享农业信息资源数据库的研究和开发,旨在建立一个全面、准确、可靠的信息数据库,涵盖了气象、土壤、种植业、养殖业、林业、加工业等行业,以及关联技术、生产、管理、市场和政策法规等方面的信息。这些信息资源的范围与方面,是一个比较宽泛的概念。因此,对它的研究不仅在于具体数据库的结构设计,还在于对农业宏观和微观过程的数字化分析研究。

2. 农业相关技术的数字信息化

各种农业过程的内在规律及外部联系,可以利用农业数学模型予以揭示、表达。农业数学模型将农业过程数字化,使农业科学从经验的认知提高到理论的概括,是20世纪农业科学发展的一项重要成就,也是数字农业中一项关键的技术。

（1）**农作物生长模型与数字化设计技术研究。**研究粮油、蔬菜、果树等主要农作物生长发育状况的数字化信息采集技术、处理技术,并利用这些技术开发农作物生长发育规律提取系统；建立植物器官形态描述模型库与参数库,开发实现数字植物设计的三维可视化系统；建立基于植物结构、功能互反馈机制,能精确模拟主要农作物随环境条件而改变的生长状况的虚拟模型；基于数字植物和冠层光分布模型,开发主要农作物的形态结构优化系统,并开发超高产农作物的数字化形态结构设计系统原型；建立可优化典型果树修剪措施,提高果品产量与品质的数字果树原型；开发主要农作物根系构型模型与养分、水分吸收最优化根系构型的数字化设计系统。基于以上研究内容,建立从试验观测与参数提取、模型

库与参数库构建、植物的数字化设计、数字植物的实际应用的完整的数字植物研究、设计与应用体系。

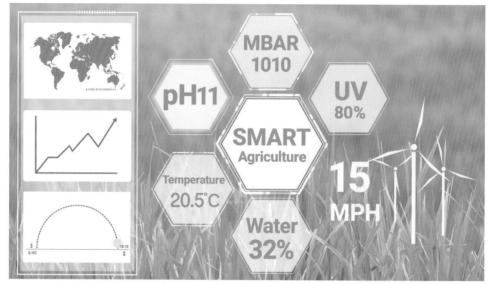

（2）**农业生物信息学研究与产品开发。**利用农业生物信息学和农业生物模型的研究基础，开展农业动植物分子水平的数字化育种研究；同时，开展以生物信息学理论为基础的分子水平的生物种质、药物数字化设计的理论和试验研究。

（3）**数字化宏观监测技术与动态决策系统研究开发。**以大范围发生的农业灾害和经济环境为主要对象，以模型与模拟技术、计算机网络技术、3S 技术和现代数字通信技术为手段，以有害农业生物的发生和迁移空间模型、旱情信息提取模型、区域农作物产量预测和估算模型、国内外农产品的宏观供求关系模型、生产力评价模型、农业产业比较优势模型、空间集聚与分异模型等模型研究为核心，通过多项现代信息技术的集成研究，构建具有新的信息传递结构、大区域、精确定位、准实时的数字化农业宏观环境的监测体系。

3. 农业管理的数字信息化

农业管理涵盖农业行政管理、农业生产管理、农业科技管理及农业企业管理等多个方面。按照数字信息化的要求，目前已经形成由农业信息技术支持的各类农业管理系统。例如，农业数据库系统，对各级各类农业数据进行科学、集中的管理，包括农业生物数据库、农业环境数据库及农业经济数据库；农业规划系统，应用各种数学规划方法对农业问题进行辅助决策；农业专家系统，充分利用专家经验对某些农业决策提供支持；农业模拟优化决策系统，将农业过程的模拟与农业的优化原理相结合，为农业决策提供有力的支持。

（1）数字农业技术软件平台研究开发。主要包括农业远程诊断软件系统开发平台、农业专家系统开发平台、便携式农业信息系统开发平台、作物虚拟现实平台、设施种养环境监控软件平台、空间信息获取处理平台（遥感平台）、空间信息分析平台（地理信息系统）、农村发展智能动态规划决策支持平台、农业企业综合信息管理平台、电子商务平台、远程多媒体教育平台等。

（2）远程诊断与农业专家系统的研究开发旨在构建一个基于远程诊断技术的智能农业专家系统开发平台，并不断开发农业信息数据库，通过建立农业知识库、模型库，系统集成特定领域的农业管理智能应用系统和宏观决策支持系统。主要粮食作物，如水稻、大豆、玉米、小麦和马铃薯等是研究的重要领域。此外，主要蔬菜、设施园艺作物和食用菌，如黄瓜、番茄、西瓜、白菜、蘑菇和香菇等也是研究的重点。同时，果树如梨、葡萄、蓝莓、沙棘等，以及猪、牛、羊、鸡、鸭、鹅等畜禽和水产养殖领域也是研究的重要方向。研究的主要目标是开发综合管理远程诊断系统，为这些领域的农业生产提供全面的技术支持和决策支持。

（3）支持农业技术咨询产品研究开发。面向经济作物（蔬菜、花卉、果树）和畜禽养殖领域，研究开发一批成本低、方便快捷的便携式农业信息咨询与辅助决策设备，传播各类实用农业生产技术知识，提供名、特、优、新品种和新技术，实现在田间地头即时输入观察数据，通过推理机制进行病虫害诊断与防治决策、农作物营养状况诊断与施肥决策、土壤及农作物水分状况诊断与灌溉决策、种养模式决策及农产品质量检测等。

（4）数字化温室环境智能控制系统研究开发。主要研究温室环境信息、水分信息的自动监测控制以及信息的模型分析处理技术；构建园艺作物等主要温室作物基质栽培条件下的温、光、水、气、肥管理模型及相关的知识库、数据库；研究开发基于农作物生长模型、综合环境预测分析模型和栽培专家系统的温室智能管理系统；研究开发温室群智能控制接口、无线网络通信技术和计算机分布式控制系统；研究开发温室高效生产智能化控制系统软硬件，包括温室专用传感器、高效水、肥、药一体化灌溉设备与控制软件等；通过系统集成，形成拥有自主知识产权的系列温室智能控制与智能管理技术及产品，使数据采集、智能控制系统、配套工程设施成为一体。

（5）农业远程教育多媒体信息系统开发。在统一的数据库技术标准下，研究开发基于气象、土壤、种植业、养殖业、林业、加工业等有关技术、生产、管理、市场、政策法规等方面知识的多媒体课件库，与之配套的课件管理与编播软硬件系统，实现同步双向交互和异步非交互兼容、基于IP网的农业科技远程教育系统。

4. 农业生产过程的数字化

现代农业已经由过去的手工操作走向现代的机械化和现代化操作。数字农业要求农业的生产和管理实现自动化，即播种、育苗、灌溉、施肥、撒药、收割等过程全部实现精准化、自动化和智能化。

（1）**精确农业关键技术及设备。**①遥感信息的获取与分析处理技术。从精确农业的需求出发，以肥、水监控为重点，利用国内外先进技术设备，建立农作物信息的航空遥感获取与分析技术体系，包括遥感平台和相关应用方法等。②农田信息快速获取与诊断技术。研究 开发农田信息采样设计理论及方法；土壤与农作物水分、养分信息快速获取及诊断技术；产量和品质信息快速获取技术；病虫草害信息快速获取及诊断技术。③精确农业关键设备研究开发。研究开发拥有自主知识产权、适应精确农业实施的农业机械关键设备。④基于招技术的精确农业软件系统平台。

（2）**农田信息采集技术研究与产品开发。**采用统一的技术标准和信息管理方式，针对植物和土壤信息采集技术与产品，进行了深入研究，以适应农业生产管理数字化。主要研究内容包括：农田植株生长与营养状况无损检测技术与产品，例如植物生长状态，如密度状况、病虫害状况、农作物营养状况、样点产量等信息的采集与处理技术等，研发农作物营养诊断仪、农作物生长状况测定仪、农作物病虫为害监测仪等产品；以农田养分精准管理为目标的土壤信息采集技术与产品，包括大、中、微量元素含量的综合系统评价技术、3S 技术指导下的取样技术、快速准确的测定技术、实验室数据自动采集与管理技术、管理目标自动生成技术等。

二、数字农业的发展情况

1. 国外数字农业的发展情况

国外计算机及信息技术在农业上的应用发展，大致经历了 5 个阶段：① 20 世纪 50-60 年代，农业应用计算机技术的重点在农业数据的科学计算，促进农业科技的定量化；② 70 年代，农业应用计算机技术处理农业数据，重点发展农业数据库；③ 80 年代，以农业知识工程、专家系统的研究为重点；④ 90 年代，应用网络技术，开展农业信息服务网络的研究与开发；⑤ 21 世纪，采用标准化网络新技术，实施三维农业信息服务标准化网络连接。

数字农业在国外的研究已经达到了一个比较高的水平，具体体现在应用计算机处理农业数据，建立数据库，开发农业知识工程及专家系统，应用标准化网络技术，开展农业信息服务网络的研究与开发。在信息采集与动态监测方面，遥感技术发挥了巨大的作用。

20世纪70年代，美国发射了landsat系列卫星，这些卫星装备了专门的仪器，可以分析植物和土壤反射的太阳光谱，从而进行生物量和农作物、土壤湿度观测。1995年，美国地球物理环境公司（GER）发射了一个小卫星群，用来监测整个农业的过程，同时对农业提供信息服务。该系统主要是通过广域网向农户提供耕作、农作物长势、施肥、灌溉、病虫害等信息，以方便用户及时采取措施。

农作物的生长发育模型与模拟是目前农业科技领域中最前沿的研究方向之一。美国、以色列和荷兰在该领域的研究和应用处于世界前列，美国已经成功地将其应用到实际农业生产中。例如，模拟玉米、小麦、水稻等农作物生产的CERES模型系统就是最具代表性的系统之一。荷兰的SWAN5模型是在农作物生长模拟模型和土壤水分、养分转移过程模型研究的基础上，实现了两类模型的初步整合，其研究和建立对于改进农作物生长机制模型与农田水肥调控都具有重要作用。

发达国家通过计算机网络、RS和GIS技术来获取、处理和传递各类农业信息的应用技术已进入实用化阶段。美国伊利诺伊州的农户、农场主通过信息网络，随时可以查询农业生产、销售的各种信息，并制订生产经营方案；政府和管理部门也可随时调用有关国家、地区的农业资源、农业经济、农业生产、环境动态变化的信息，并利用有关信息预测未来，进行农业管理决策。如美国农业部建立了全国耕地、草地、农作物生产等监测网，并通过该网获取或传递各类农业信息。又如欧洲共同体将信息技术应用于农业发展，并将其列为重点发展规划，将数据库技术、专家系统技术、决策支持技术、GIS技术、模式识别、图像处理、机器人等技术应用于农业生产和管理。发达国家的信息高速公路正在迅速伸向农村，

美国的卫星数据传输系统已被农业生产者广泛应用，3S 技术在农业环境领域中应用迅速。网络信息技术已成为发达国家农业发展的技术支撑，不仅在技术上完全实用化，而且运行服务机制也比较健全。发展中国家对信息网络技术应用于农业方面也十分重视。韩国开展了农业信息系统十年计划，菲律宾、印度、巴西、捷克、波兰、土耳其、伊朗、埃及等国都较早地采用了信息技术对农业资源、农业管理、农业生产进行管理和服务。随着网络技术的发展，原先独立分散的网络正逐步连成一片，并向全球互联网过渡。网络技术发展较快，基于分组交换概念的数字网络已经扩展到二维图形显示，二维图形在桌面出版和电子表格中得到广泛应用。此外，三维图形也被应用于专用领域。随着信息的可视化和多媒体化的趋势不断加强，基于互联网的多媒体技术和应用数据库也得到迅速发展，一些传统技术已被图形、动画、声音、图像等新技术所代替。

温室设施及温室自动监控技术发展迅速，并已得到广泛应用，如奥地利 Ruttuner 教授设计的复杂系统和日本中央电力研究所推出的蔬菜工厂等。这类植物工厂采取全封闭生产方式，人工补充光照，并采用立体旋转式栽培技术，不仅全部采用电脑监测，而且利用机器人、机械手进行播种、移栽等作业，基本摆脱了自然条件的束缚。

针对数字农业的发展趋势和应用前景，美国、加拿大、荷兰、英国、法国等发达国家十分重视建立农作系统模型和 GIS 技术的数字农业生产试验系统，并在示范应用中获得显著的社会、经济、生态效益。

随着信息技术在农业各个领域的广泛应用，计算机技术、微电子技术、通信技术、光电技术、遥感技术等多项信息技术已广泛应用于农业生产的各个领域。据美国伊利诺伊州统计，有 67% 的农户使用了计算机，其中 27% 使用了网络技术。目前，日本全国电脑自动化技术已在农业生产部门中广泛应用，普及率已达 92%；日本农林水产省的农副产品情报中心已与全国 77 个蔬菜市场、23 个畜产品市场联机，向各县农业协会提供农副产品价格、产地、市场交流等方面信息。以 GPS 为代表的高科技设备已应用于农业生产，促进精确农业的产生，大大提高了农业生产水平。

2. 国内数字农业的发展情况

数字农业是 20 世纪 90 年代在美国首先提出并发展的，我国在 20 世纪末引入了数字农业的发展理念。从 2000 年开始，国家启动了 863 计划"数字农业技术研究与示范"重大专项，对全国数字农业发展给予了大力支持，经过近 20 年的努力，已经取得了显著成绩。

我国数字农业较国外起步晚，开始于"七五"期间，1998 年 6 月 1 日江泽民同志在中国科学院和中国工程院院士大会上提出了发展"数字中国"的战略。随后，"数字社会""数字城市""数字农业""数字水利""数字林业"和"数字地质"等的探索与研究在我国全面展开。

我国农业土地资源及利用、水资源及利用、气候资源、农作物品种资源等方面的调查已经十分详细，相当一部分已经建立数据库。1992年，北京市顺义区用GPS开展了防蚜试验示范；1997年，辽宁、吉林、北京等开展GIS农业应用研究。

北京的小汤山现代科技示范园区可进行谷物产量、水分的在线测量，田间农作物信息的采集，监测农作物长势、水分，病虫草害防治，环境监测等。园区中的精确农业区占地面积约167公顷，以3S技术为支撑。该技术使大田种植管理从地块水平精确到平方米水平，这样不仅极大地节约各种原料的投入，而且大大降低生产成本，提高土地的收益率，同时有利于环境保护。

我国的虚拟农业研究也有了迅速的发展。其中，中国农业大学初步建立了玉米、棉花地上部三维可视化模型，为建立精确反映农作物生长与农业环境条件关系的虚拟农田系统打下了坚实的基础。严定春等以玉米为研究对象，在已有的工作基础上，运用系统分析方法和动态模拟技术，构建基于过程的玉米生长模拟模型、基于三维可视化的虚拟模型，继而应用组件化程序设计思想，采用标准化接口和模块化封装技术，研究基于模型集成的数字化玉米生长模拟和虚拟设计系统，从而实现玉米生产模拟和虚拟显示等的数字化和科学化，取得了一定成果。

温室控制技术方面也开展了较多研究。1996 年，江苏理工大学教授毛罕平等成功研制了使用工业控制计算机进行管理的植物工厂系统。该系统能对温度、光照、二氧化碳浓度、营养液和施肥等进行综合控制，是目前国产化温室控制技术比较典型的研究成果。中国农业大学研制的温室环境监控系统，通过在每个独立温室放置温室机，内置温湿度、二氧化碳等多种传感器、控制设备以及摄像机镜头，可以实时将温室内农作物生长状况传输到办公现场，同时可以通过电话线、数字信号传输线及互联网等将监测的室内外环境条件和植物生长状况传输到农业专家的计算机屏幕上，以便根据提供的信息进行生产指导，实现对温室环境的监测控制。

综上所述，我国数字农业的发展呈现以下特点：①操作实施的科学性。数字农业与我国精耕细作的传统农业是一致的，但又与其有所不同。数字农业是建立在现代高新技术基础之上的现代化精耕细作型农业，远远超过传统农业。②资源利用的高效性。强调最大限度地节省资源，重视环境保护和生态均衡，追求以最少的资源耗费获得最优、最大的产出，以保持农业的可持续发展。③信息处理的精准性。包括信息获取的自动化、信息分析处理的智能化、信息传播的网络化、多项信息技术运用的集成与整合化、实施过程的定量化。

三、数字农业的发展趋势

数字农业当前的重点是对农业生产所涉及的对象和全过程进行数字化表达、设计、控制和管理。由于数字农业的关键技术是数字化农业模型，因此模型的构建和运用是数字农业发展的基础性工作。一方面需要进一步建立和完善主要农作物生长系统的过程模拟模型，实现对生物生长的动态模拟和预测；另一方面，需要建立农业产业系统的管理知识模型，实现农业生产管理设计和决策的智能化、科学化和数字化。从种植业来看，今后的研究重点是提高数字农作关键技术与应用系统的机制性、数字化、可靠性和通用性水平，并研制出综合性和科学性较强的大型数字农业技术平台及软硬件产品。有关农作系统模型的构建表现为由局部到整体、由经验性到机制性、由智能化到数字化、由功能化到可视化的发展态势，重点是提高农作系统模拟模型的完整性和解释性，改善农作管理决策的广适性和准确性。

信息共享是目前数字农业建设工程的关键之一，也是当前信息产业中面临的瓶颈问题。信息共享首先要解决数据标准化，同时要有适用的数据共享政策。要加快信息标准的制定和实施，建立涉农部门信息交流共享机制与政策，推进农业信息系统、网站、信息资源的集成和整合，实现涉农公共数据的兼容与共享，使政府、农户和企业获得充分、有效的农业信息。对于政府投资的数据资源，在保护知识产权的前提下，应优先实现数据共享。而对于非政府投资的数据和信息资源，可以通过市场机制，实行有偿使用和交换。

RS 技术表现为由遥感估产到品质监测、由生长特征到生理参数、由空中遥感到空地结合的趋势，重点是提高农情信息无损获取的有效性、精确度及诊断调控的数字化和指导性。GIS 技术表现为由单一功能到复合功能、由单机版到网络版、由应用系统到组件开发的趋势，重点是改善 GIS 的组件化开发水平和高效集成能力。管理决策系统的研制则需要综合过程模型的动态预测功能、管理模型的优化决策功能、RS 技术的实时监测功能、GIS 的空间信息管理功能，进一步结合农作生态区划与生产力分析技术以及数据库和网络通信技术等，建立综合性、定量化和智能化的数字农业技术平台和应用系统。可以预计，数字农业的未来发展将需要综合运用信息管理、自动监测、动态模拟、虚拟现实、知识工程、精确控制、网络通信等现代信息技术，以农业生产要素与生产过程的信息化与数字化为主要研究目标，发展农业资源的信息化管理、农作状态的自动化监测、农作过程的数字化模拟、农作系统的可视化设计、农作知识的模型化表达、农作管理的精确化控制等关键技术，进一步构建综合性数字农业技术平台与应用系统，并研制出相关支撑设备和仪器，实现农业系统监测、预测、设计、管理、控制的数字化、精确化、可视化、网络化，从而提升农业生产系统的综合管理水平和核心生产力，实现以农业系统的数字化和自动化带动农业产业的信息化和现代化。

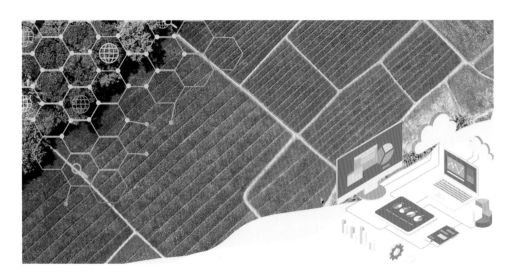

第二章

数字农业关键技术

第一节 农业物联网技术

物联网（Internet of Things，IoT）的定义是：通过射频识别（RFID）、红外感应器全球定位系统、激光扫描器等信息传感设备，按约定的协议，把任何物品与互联网相连接，进行信息交换和通信，以实现对物品的智能化识别、定位、跟踪、监控和管理的一种网络。

物联网的概念国内外普遍公认的是麻省理工学院自动识别（MIT Auto-ID）中心的阿什顿教授于1999年在研究RFID时最早提出的。2005年，国际电信联盟（ITU）在非洲突尼斯举行的信息社会世界峰会上，发布了"ITU互联网报告2005：物联网"，正式提出了物联网的概念。

物联网被世界公认为是继计算机、互联网与移动通信网之后的世界信息产业第三次浪潮。物联网的概念是在互联网概念基础上延伸与扩展的，是以感知为前提，实现人与人、人与物、物与物全面互联的网络。

口袋卡

RFID射频识别技术是"radio frequency identification"的缩写。其原理为阅读器与标签之间进行非接触式的数据通信，达到识别目标的目的。RFID的应用非常广泛，典型应用有动物晶片、汽车晶片防盗器、门禁管制、停车场管制、生产线自动化、物料管理。

一、农业物联网概述

（一）农业物联网

农业物联网是物联网技术在农业领域的综合应用。农业物联网并没有统一的定义，相关领域的科研人员从不同侧重点出发，提出了各自对农业物联网的定义。葛文杰等认为，农业物联网是指通过农业信息感知设备，按照约定协议，把农业系统中动植物生命体、环境要素、生产工具等物理部件和各种虚拟"物件"与互联网连接起来，进行信息交换和通信，以实现对农业对象和过程智能化识别、定位、跟踪、监控和管理的一种网络；李道亮等认为，农业物联网是指综合运用各类传感器、RFID、视觉采集终端等感知和识别设备，针对水产养殖、大田种植等行业的实时信息，利用无线传感器网络等信息传输通道，可靠传输多角度农业信息，有效融合和处理获取到的海量农业信息，操作智能化系统终端，实现农业管理智能化与生产自动化，进而达到农业高效、优质、安全环保的目标。

尽管不同学者研究视角不同，但都是从农业全生育期、全产业链、全关联因素方面考虑，运用系统论的观点，实现对农业要素的"全面感知、可靠传输、智能处理、反馈控制"。以物联网技术助力"传统农业"向"现代农业"转变，发展农业物联网对建设都市现代农业、提升农业综合生产经营能力、保障农产品有效供给、建立农产品质量追溯体系等都具有十分重要的意义。

（二）农业物联网的体系架构

农业物联网的体系架构一般分为三层，即感知层、传输层和应用层，如图所示。

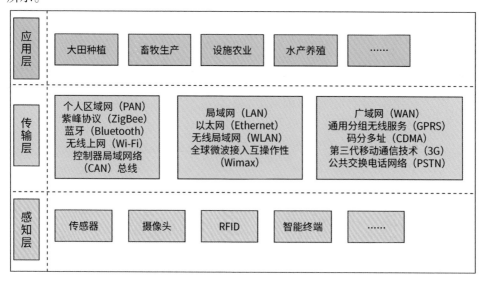

感知层相当于人体的五官和皮肤，主要负责识别物体和感知信息。该层的设备主要包括各种传感器、GPS、摄像头、RFID 标签及读写器、二维码标签及读写器等。该层的主要任务是将现实世界农业生产中的物理量转化为可分析处理的数字信息。在农业种植环节，可以利用温湿度传感器感知环境的温湿度，土壤墒情传感器获取土壤墒情，实现农机作业位置精准定位，光谱相机获取作物的光谱反射信息；在畜牧业养殖环节，可以利用 NH_3、H_2S、CO_2 等气体传感器实时获取监测畜禽养殖环境的气体浓度，利用 RFID 标签实现动物的个体标识与识别。

传输层是物联网的神经中枢，该层主要进行信息的传递，按传输范围可分为 PAN 网络、LAN 网络和 WAN 网络。其中，PAN 网络主要包括 ZigBee、Bluetooth、Wi-Fi、CAN 总线等；LAN 网络主要包括 GPRS、CDMA、3G、PSTN 等。在农业物联网中，要求传输层能够把感知层感知到的数据快速、可靠、安全地进行传送，它解决的是感知层所获得的数据传输问题。无线传感器网络（wrieless sensor network,WSN）是农业物联网中感知事物和传输数据的重要手段，其将智能传感器、环境监测仪器等设备的数据接入无线网络，各种数据可以快速传回中央服务器。

应用层首先对传输层提交的资源进行识别，完成对信息的汇总、共享、分析、决策等功能，然后针对不同的用户提供特定的接口及虚拟化支撑。应用层实现物联网技术与农业行业深度融合，并与农业行业的需求结合，实现农业生产管理智能化，最终提供相应的应用服务。应用层主要是根据农业各行业的特点和需求，运用互联网技术与手段，开发适合农业行业的应用解决方案，将物联网的技术优势与农业的生产经营、信息管理、组织调度结合起来，形成各类的农业物联网解决方案，满足共性及个性的应用需求。

（三）国内外农业物联网发展现状

1. 国外农业物联网发展现状

从美国农业物联网的发展现状来看，其信息化基础设施完备，为美国农业物联网的发展创造了优越的条件。2008 年末，IBM 提出了"智慧地球"的概念，奥巴马又将这个新概念提升到国家经济复苏战略的高度。物联网和新能源的兴起振兴了经济，引起全球的广泛关注。美国政府每年用于农业信息网络建设方面的投资约为 15 亿美元，已建成世界上最大的农业计算机网络系统 AGNET，可以为美国农业物联网的发展提供强大的信息资源。同时，美国建立了农业技术信息数据库，如生物科学情报服务（BIOSIS），美国国家农业图书馆数据库（AGRICOLA）和 FAO 国际农业科技信息系统（AGRIS）等。

日本政府大力推动农业物联网发展，农业物联网在 2004 年被列入日本政府计划。日本政府不断加强对智慧农业的扶持补助，通过一系列补助措施，预计2020 年日本农业信息技术化规模将达到 580 亿～ 600 亿日元；计划在 10 年内以农业物联网为信息主体来普及农用机器人，预计 2020 年市场规模将达到 50 亿日元。日本农业物联网技术采取产、官、学协同研发模式，农业物联网技术主要由日本电气股份有限公司（NEC）、富士通、日立等大型公司的信息技术部门牵头研发。

以色列高度发达的农业科技和完善的农业服务体系使得农业物联网发展具有不可比拟的优势。以色列农业增产的 96% 靠科技，政府每年用于农业科研与技术推广方面的经费高达数亿美元。以色列人运用物联网技术将滴灌发挥到了极致，滴灌完全实现由电脑控制，依据传感器传回的土壤数据，决定何时灌水、灌多少水。通过物联网技术，不仅节约了宝贵的水资源，而且节约了人力成本。

2. 国内农业物联网发展现状

2009 年，温家宝同志访问了中国科学院无锡高新微纳传感网工程技术研发中心，并提出了"感知中国"概念，物联网在很大程度上受到了社会关注；国家标准化管理委员会、工业和信息化部批准正式成立了国家传感器网络标准工作组，负责组织开展传感器网络相关标准的研究和起草工作。

2011 年，农业部成立了国家农业物联网行业应用标准工作组和农业应用研究项目组，进一步推进物联网标准体系建设工作，做好物联网产业标准化工作的顶层设计和统筹规划；2011 年 11 月，工业和信息化部印发了《物联网"十二五"发展规划》，在"十二五"期间，实施物联网五大重点工程，其中重点领域应用示范工程涉及智能农业、智能工业、智能交通、智能物流、智能环保、智能电网、智能医疗、智能安防与智能家居等。

农业部在 2012 年和 2013 年先后发布了《关于组织实施好国家物联网应用示范工程农业项目的通知》和《农业物联网区域试验工程工作方案》，并选择了具有工作基础的天津、上海及安徽 3 个省份作为试点试验工作的先行地区。

2015 年，国务院相继发布《中国制造 2025》和"互联网 +"指导意见，这些都为物联网在我国农业方面的发展应用创造了良好的政策环境。

2016 年 8 月，农业部印发了《"十三五"全国农业农村信息化发展规划》。该规划是《全国农业现代化规划（2016—2020 年）》的子规划，是"十三五"时期指导农业各行业、各领域和各地方农业农村信息化工作的依据。根据该规划，实施农业物联网区域试验工程，开展农业物联网技术集成应用示范，构建理论体系、技术体系、应用体系、标准体系；在"十三五"期间，选取农产品主产区、垦区、国家现代农业示范区等大型基地，建成 10 个试验示范省，100 个农业物联网试验示范区，建设 1000 个试验示范基地。2016 年，农业部还发布了《全国农业物联网发展报告 2016》，报告分为全国篇、行业篇和地方篇，分别介绍了农业物联网推进的总体情况、农业各行业农业物联网进展及各省份（含新疆生产建设兵团）农业物联网发展情况。

2017 年，中央一号文件中，明确了以"农业供给侧结构性改革"为主线，提到了加快科技研发，实施智慧农业工程，推进农业物联网试验示范和农业装备智能化。

2018 年，中央一号文件的主旨为"实施乡村振兴战略"，提到了发展数字农业，推进物联网试验示范和遥感技术应用。

2019 年，中央一号文件的"实施数字乡村战略"中提出，推动农业农村大数据平台和重要农产品全产业链大数据中心建设，扩大农业物联网示范应用。

2020 年，中央一号文件提出"开展国家数字乡村试点"，依托现有资源建设农业农村大数据中心，加快物联网、大数据、区块链、人工智能、第五代移动通信网络、智慧气象等现代信息技术在农业领域的应用。

2021 年，中央一号文件提出"实施数字乡村建设发展工程"，强化现代农业科技和物质装备支撑。坚持农业科技自立自强，完善农业科技领域基础研究稳定支持机制，深化体制改革，布局建设一批创新基地平台。

2022 年，中央一号文件提出"大力推进数字乡村建设"。推进智慧农业发展，促进信息技术与农机农艺融合应用。着眼解决实际问题，拓展农业农村大数据应用场景。

2023 年，中央一号文件提出"深入实施数字乡村发展行动"，推动数字化应用场景研发推广。加快农业农村大数据应用，推进智慧农业发展。

二、农业物联网关键技术

农业物联网的主要特性包括农业信息的全面感知、可靠传输和智能决策三部分，与之相对应，农业物联网关键技术有信息感知、信息传输、数据分析与处理等相关技术。

（一）信息感知技术

信息感知技术是农业物联网技术的基础，利用遥感技术、农业传感器设备、RFID 等相关技术，实现对农业信息的动态、实时采集和获取。传感器广泛用于实现农业监测区内的空气温度、空气湿度、CO_2 浓度、光照度、土壤温湿度及土壤 pH 等农业环境信息的采集；RFID、二维码、条形码等个体标志技术用于实现农产品质量安全追溯及动物个体标志；遥感技术用于实现农作物生理信息感知。

1. 传感技术

传感技术与通信技术、计算机技术被称为信息技术的三大支柱。传感器是信息采集系统的首要部件。传感器通用术语（GB/T 7665—2005）对传感器给出了定义，传感器是指能感受被测量并按照一定的规律转换成可用输出信号的器件或装置，通常由敏感元件和转换元件组成。

农业物联网传感器类型较多，主要有以下几种：

（1）环境信息传感器。主要实现农业生产环境信息的感知，如温度传感器、空气湿度传感器、风速传感器、太阳光照传感器等，也有将这些独立传感器进行集成的，如小型自动气象站，可以实现多元环境信息的感知。

（2）气体传感器。主要用于温室、大棚和畜禽舍空气信息的感知，由于这些地方相对密闭，当某项空气质量超标时，就需要启动调控设备进行换气，主要包括 CO_2 传感器、NH_3 传感器、H_2S 传感器等。

（3）土壤信息传感器。主要实现土壤墒情、土壤养分与水分等信息的感知，传感器主要有土壤水分传感器、土壤养分传感器、土壤入渗仪、

土壤墒情传感器等。

（4）作物生理参数传感器。 主要实现作物的叶绿素含量、氮素含量、长势信息的感知。常见的传感器主要有植物冠层分析仪、植物光合作用测定仪、植物叶面积仪、叶绿素仪等。图为 SPAD 502 Plus 叶绿素仪，可以即时测量植物的叶绿素相对含量或"绿色程度"，从而可以了解植物真实的氮需求量，并且帮助农户了解土壤氮的缺乏程度或是否氮肥施入过多，以科学指导施肥。

2. 射频识别技术

射频识别技术，即 RFID 技术，是指利用射频信号通过空间耦合（交变磁场或电磁场）实现无接触信息传递并通过所传递的信息达到识别目的的技术。

雷达技术的发展和进步从而衍生出了 RFID 技术。1948 年，RFID 的理论基础诞生；RFID 技术真正兴起于 20 世纪 90 年代，首先在欧洲市场得到应用，随后在世界范围内普及；2003 年，RFID 标准和联盟正式成立，标志着 RFID 技术更加成熟化和规范化。我国农业部 2012 年印发了《动物电子耳标试点方案》，旨在丰富追溯手段，改进追溯技术，进一步推进动物标志及动物产品追溯体系建设。在这一过程中 RFID 技术在农业领域得到了大规模的应用。

一个完整的 RFID 系统由阅读器（reader）、标签（tag）和应用系统三部分组成，如图所示。

阅读器又称读写器，是 RFID 系统最重要也是最复杂的一个组件。阅读器主要负责与电子标签的双向通信，同时接收来自主机系统的控制指令。阅读器的频率决定了 RFID 系统工作的频段，其功率决定了射频识别的有效距离。阅读器分为手持式和固定式两种。阅读器由射频接口、逻辑控制单元和天线三部分组成。射频接口负责产生高频发射能量，激活电子标签并为其提供能量；逻辑控制单元主要负责应用系统与标签的通信；天线是一种能够将接收到的电磁波转换为电流信号，或者将电流信号转换成电磁波发射出去的装置。

标签也称为电子标签（electronic tag）或智能标签（smart tag），由耦合元件、芯片及无线通信天线组成。天线用于与阅读器进行通信。标签是 RFID 系统中真正的数据载体，分为被动式、主动式和半主动式三种。被动式标签又称为"无源标签"，当无源标签接近读写器时，标签内部的线圈会通过电磁场产生感应电流驱动 RFID 芯片电路工作，被动式标签体积小、价格低、寿命长，但易受电磁干扰；主动式标签又称为"有源标签"，其内部有电池进行供电，当有源标签接收到读写器发来的读写指令时，标签才会向读写器发送信息，主动式标签体积大、价格高，但通信距离远；半主动式标签配备有电池，但电池在没有读写器访问时，只为少部分芯片电路提供电源，半主动式标签兼具主动式和被动式标签的优点。

应用系统通常包括硬件驱动程序、控制应用程序和数据库系统等。

3. 二维码技术

二维码（two-dimensional bar code），又称二维条码，是用某种特定的几何图形按一定的规律在平面分布的黑白相间的图形来记录数据符号信息的一种技术。除了二维码外，还有一维码。一维码仅能实现对"物品"的标志，而不能进行信息描述，且需要数据库支撑，条码识别效率偏低，在农业物联网中应用并不多。

二维码可分为堆叠式 / 行排式二维码和矩阵式二维码，相比于堆叠式 / 行排式二维码，矩阵式二维码应用更为广泛。矩阵式二维码仍是在一个矩形空间通过黑、白像素在矩阵中的不同分布进行编码，矩阵中出现点的位置表示二进制的"1"，不出现的表示二进制的"0"，点阵的排列确定了二维码所代表的意义。矩阵式二维码是建立在计算机图像处理技术、组合编码原理等基础上的一种新型图形符号自动识读处理码制，具有代表性的矩阵式二维条码有：Code one、Maxi Code、QR Code 、Data Matrix、Grid Matrix 等。

二维码技术在农业物联网中应用广泛，如用于实现农产品质量溯源的二维码标签等。

4.遥感技术

遥感技术是指从不同高度的遥感平台上，使用各种传感器接收来自地球表面各类地物的各种电磁波信息，并对这些信息进行加工处理，从而对不同的地物及其特性进行远距离的探测和识别的综合技术。

在农业领域，遥感技术被广泛应用于农情信息的获取。随着光谱成像技术的不断发展及北斗卫星导航系统的不断完善，遥感在农业领域发挥着越来越重要的作用。通过遥感卫星平台获取的影像数据，可以实现农作物估产、农作物种植结构分类、农作物旱涝灾害监测等；通过无人机平台获取的高精度遥感影像数据，可以实现农作物病虫害监测和预报、农作物长势监测及农作物营养反演监测等；通过部署在地面的近地传感器，如高清摄像头、高精度传感器等获取的高精度遥感数据，可以实现定点遥感监测。卫星、无人机、近地传感器构成的"天空地"立体化的农情监测体系，在农业 4.0 时代必将推动农业产业的进步。

（二）信息传输技术

信息传输技术包括有线网络传输和无线网络传输等相关技术。农业信息传输技术是将涉农物体通过智能感知设备采集到的信息数据，接入相应的传输网络中，依靠有线或无线通信网络，随时随地进行信息交互和共享。农业环境监测通常具有监测范围较大、监测点较多和监测环境恶劣等特点，采用有线通信技术将会导致农业设施内部线缆纵横交错，设备安装及维护成本迅速增长。而无线通信技术在一些特定场合下具有组网方便、无须布线、成本低廉等优点，近年来国内外学者和科研人员重点开展了相关方面的研究工作。

无线网络传输技术主要包括 ZigBee、Wi-Fi、WSN、红外、蓝牙等。

1.ZigBee 技术

ZigBee 技术是一种近距离、低功耗、低速率和低成本的双向无线通信技术，是由英国 Invensys 公司、日本三菱电机股份有限公司、美国摩托罗拉公司以及荷兰皇家飞利浦公司等于 2002 年 10 月共同提出设计研究开发的无线通信技术。在此项新技术推出的同时，上述几家公司成立了 ZigBee 技术联盟。目前，该联盟已有 100 多家公司和标准化组织，涵盖了芯片制造企业、软件开发商及系统集成商等。

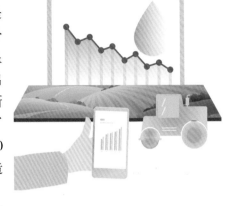

ZigBee 这一名词来源于蜜蜂的八字舞，由于蜜蜂（bee）是靠飞行和嗡嗡（zig）地抖动翅膀的"舞蹈"来与同伴传递花粉所在方位信息，也就是说蜜蜂依靠这样的方式构成了群体中的通信网络。

ZigBee 是一种采用成熟无线通信技术的全球统一标准的开放的无线传感器网络。它以 IEEE802.15.4 协议为基础，最显著的技术特点就是自组织、低功耗和低成本，正常工作情况下，2 节普通 5 号电池即可工作 6～24 个月。在农业生产中，其被广泛应用于无线传感网络的组建，如大田灌溉、农情信息监测、畜禽养殖及农产品质量溯源等。

2.Wi-Fi 技术

Wi-Fi 的全称为 Wireless-Fidelity，由 Wi-Fi 产业联盟提出。它是一种短程无线传输技术，将有线网络信号转换为无线网络信号，是目前使用最广泛的一种无线网络传输技术。Wi-Fi 作为传统以太网的无限延伸，可以实现人们追求的"无处不在的网络体验"，能够将个人计算机、手持设备等终端以无线方式相互连接起来。Wi-Fi 产品标准遵循 IEEE802.11 系列标准，是美国电气工程师协会为解决无线网络设备互连，于 1997 年 6 月制定发布的无线局域网标准。

Wi-Fi 技术具有很多优点：Wi-Fi 网络搭建相对便捷，一般只需安装一个或多个 AP 设备即可；Wi-Fi 的工作半径可达 100 米，由 Vivato 公司推出的一款新型交换机通信最大距离能够达到 6.5 千米；Wi-Fi 传输速度快，可以达到 54 兆比特/秒；Wi-Fi 投资经济，可以根据用户数量随时增加 AP 设备，而不需要重新布线。当然，Wi-Fi 技术也存在一定的不足；传输速率具有一定局限性，虽然最高传输速率可达 54 兆比特/秒，但系统开销会使应用层速率减少 50% 左右；由于无线电波的相互影响，特别是同频段同技术设备间更为明显，信号质量存在不稳定性；Wi-Fi 采用的加密协议与加密算法相对简单，网络容易受到攻击，存在一定的安全隐患。

3.WSN 技术

WSN 是由部署在监测区域内大量的廉价微型传感器节点组成，通过无线通信方式形成的一个多跳的自组织的网络系统，协作地感知、采集和处理网络覆盖区域内被感知对象的信息，并发送给观察者。传感器、感知对象和观察者构成了 WSN 的三要素。

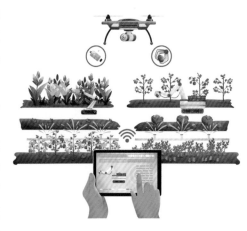

无线传感器网络系统通常由传感器节点、汇聚节点、传输网络、基站和远程服务器等部分组成。传感器节点通常是嵌入了传感器、微处理器和射频模块的微型系统设备，在网络中负责协同地感知、传输和处理 WSN 所覆盖区域中的监测对象信息，节点间自组织方式组建无线网络；汇聚节点也称 Sink 节点，也称为网关，具有较强的存储能力和计算能力，在网络中主要负责连接基站与传感器网络之间的通信；传输网络负责协同和综合各传感器网络中的汇聚节点信息，基站负责收集传输网发送来的数据，并通过互联网传递给监测者，同时下发互联网发来的用户命令，基站通常是一台与互联网相连的计算机；远程服务器收集互联网发来的数据，并对其进一步处理得到有效数据，从而进行相应决策，下发控制命令。

WSN 作为农业物联网的前端采集网络，在现代农业生产过程中被广泛应用。在大田种植方面，WSN 实现了对植物、土壤、环境的动态实时监控；在畜禽养殖方面，利用 WSN 传送动物信息，解决了饲养动物生理特征信息实时传输问题；在水产养殖方面，实现了水产环境的溶氧浓度和温度等参数的实时监控。

（三）数据分析与处理技术

农业生产过程中会产生大量数据，包括农业自然资源与环境数据、农业生产数据、农业市场数据、农业管理数据等。这些数据都是农业大数据，具有海量、多源、异构、非结构化的特点。数据分析与处理技术就是从大量不完整、随机和模糊的实际应用数据中提取其中隐含的潜在有用的信息和知识的过程。

1. 云计算技术

云计算（cloud computing）是分布式计算的一种，指的是通过网络"云"将巨大的数据计算处理程序分解成无数个小程序。然后，通过多部服务器组成的系统进行处理和分析这些小程序，得到结果并返回给用户。云计算早期，简单地说，就是利用简单的分布式计算，来解决任务分发，并进行计算结果的合并。因而，云计算又称为网格计算。通过这项技术，可以在很短的时间内（几秒钟）完成对数以万计的数据的处理，从而达到强大的网络服务。在我国，云计算是一种商业计算模型。它将计算任务分布在由大量计算机构成的资源池上，使各种应用系统能够根据需要获取计算力、存储空间和信息服务。

口袋卡

"云"实质上就是一个网络，狭义上讲，云计算就是一种提供资源的网络，使用者可以随时获取"云"上的资源，按需求量使用，并且可以看成是无限扩展的，只要按使用量付费就可以。"云"就像自来水厂一样，我们可以随时接水，并且不限量，按照自己家的用水量，付费给自来水厂就可以。

从广义上说，云计算是与信息技术、软件、互联网相关的一种服务，也就是说，计算能力作为一种商品，可以在互联网上流通，就像水、电、煤气一样，可以方便地取用，且价格较为低廉。

在 2004 年，Web2.0 会议举行，Web2.0 成为当时的热点，这也标志着互联网泡沫破灭，计算机网络发展进入了一个新的阶段。在这一阶段，让更多的用户方便快捷地使用网络服务成为互联网发展亟待解决的问题，与此同时，一些大型公司也开始致力于开发大型计算能力的技术，为用户提供了更加强大的计算处理服务。2006年8月9日，谷歌首席执行官埃里克 施密特在搜索引擎大会（SES San Jose2006）首次提出"云计算"的概念。2008年，微软发布了公共云计算平台（Windows Azure），由此拉开了微软的云计算大幕。2009年1月，阿里软件在江苏南京建立首个"电子商务云计算中心"，同年11月，中国移动云计算平台——"大云"计划启动。2018年9月，清华大学互联网产业研究院发布了《云计算和人工智能产业应用白皮书2018》，对云计算在农业、家居、安防等多个领域的应用情况进行了深入分析。2019年7月2日，中国信息通信研究院在可信云大会上，发布了《云计算发展白皮书（2019年）》，这是继《云计算白皮书（2012年）》之后，中国信息通信研究院第5次发布云计算白皮书，在前几版的基础上，重点介绍了当前云计算的发展现状与趋势。2020年，我国云计算市场规模达到1781亿元，增速为33.6%。其中，公有云市场规模达到990.6亿元，同比增长43.7%，私有云市场规模达791.2亿元，同比增长22.6%。

云计算服务类型分为三种：基础设施即服务（IaaS）、平台即服务（PaaS）和软件即服务（SaaS）。基础设施即服务（IaaS）是向云计算提供商的个人或组织提供虚拟化计算资源，如虚拟机、存储、网络和操作系统；平台即服务（PaaS）是为开发人员提供通过全球互联网构建应用程序和服务的平台；软件即服务（SaaS）通过互联网提供按需付费的软件应用程序，云计算提供商托管和管理软件应用程序，并允许其用户连接到应用程序并通过全球互联网访问应用程序。

在现代农业生产过程中，利用云计算技术能够实现信息存储和计算能力的分布式共享，为海量信息的处理分析提供强有力支撑，为农业进行创新性科学研究提供各种资源基础；利用云计算技术，用户通过手机、电脑等终端设备即可随时随地获取云中相关信息或服务，无须购置其他设备，在很大程度上降低了生产成本；依托云计算技术构建农业数据中心，硬件设备会大量减少，机房管理也会变得更加简便。

2. 数据挖掘技术

数据挖掘技术是数据处理的技术，从数据本身来考虑，通常数据挖掘需要有信息收集、数据集成、数据规约、数据清理、数据变换、数据挖掘实施过程、模式评估和知识表示等8个步骤。

（1）信息收集：根据确定的数据分析对象抽象出在数据分析中所需要的特征信息，然后选择合适的信息收集方法，将收集到的信息存入数据库。对于海量数据，选择一个合适的数据存储和管理的数据仓库是至关重要的。

（2）数据集成：把不同来源、格式、特点性质的数据在逻辑上或物理上有机地集中，从而为企业提供全面的数据共享。

（3）**数据规约**：数据规约技术可以用来得到数据集的规约表示，这个规约表示相较于原数据集小得多，但仍然接近于保持原数据的完整性。执行多数的数据挖掘算法即使在少量数据上也需要很长的时间，而做商业运营数据挖掘时往往数据量非常大。并且规约后执行数据挖掘结果与规约前执行结果相同或几乎相同。

（4）**数据清理**：在数据库中的数据有一些是不完整的（有些感兴趣的属性缺少属性值），含噪声的（包含错误的属性值），并且是不一致的（同样的信息不同的表示方式），因此需要进行数据清理，将完整、正确、一致的数据信息存入数据仓库中。

（5）**数据变换**：通过平滑聚集、数据化、规范化等方式将数据转换成适用于数据挖掘的形式。对于有些实数型数据，通过概念分层和数据的离散化来转换数据也是重要的一步。

（6）**数据挖掘过程**：根据数据仓库中的数据信息，选择合适的分析工具，应用统计方法、事例推理、决策树、规则推理、模糊集、神经网络、遗传算法的方法处理信息，得出有用的分析信息。

（7）**模式评估**：从商业角度，由行业专家来验证数据挖掘结果的正确性。

（8）**知识表示**：将数据挖掘所得到的分析信息以可视化的方式呈现给用户，或作为新的知识存放在知识库中，供其他应用程序使用。

农业生产中离不开数据挖掘，以数据挖掘技术为基础，不仅可以对农业数据进行管理，还可以帮助用户进行农业生产决策。数据挖掘在农业中应用主要有作物育种数据挖掘、作物生产数据挖掘、养殖数据挖掘等。

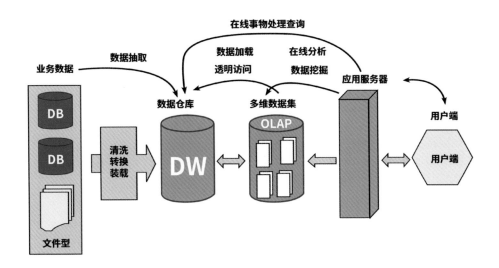

3. 人工智能技术

人工智能（Artificial Intelligence），英文缩写为 AI。它是研究、开发用于模拟、延伸和扩展人的智能的理论、方法、技术及应用系统的一门新的技术科学。人工智能是新一轮科技革命和产业变革的重要驱动力量。

人工智能是智能学科重要的组成部分，它企图了解智能的实质，并生产出一种新的能以人类智能相似的方式做出反应的智能机器，该领域的研究包括机器人、语言识别、图像识别、自然语言处理和专家系统等。人工智能从诞生以来，理论和技术日益成熟，应用领域也不断扩大，可以设想，未来人工智能带来的科技产品，将会是人类智慧的"容器"。人工智能可以模拟人的意识、思维的信息过程。虽然人工智能不是人的智能，但它能够像人那样思考，甚至有可能超过人的智能。

人工智能是一门极富挑战性的科学，从事这项工作的人必须懂得计算机知识，心理学和哲学等。人工智能是一门涵盖众多领域的科学，其中包括机器学习、计算机视觉等。总的来说，人工智能研究的主要目标是使机器能够胜任一些通常需要人类智能才能完成的复杂工作。但不同的时代、不同的人对这种"复杂工作"的理解是不同的。20 世纪 70 年代开始，人工智能技术就开始应

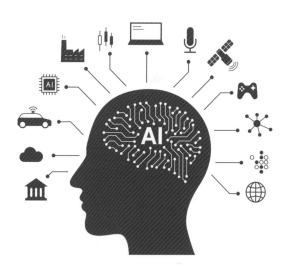

用于现代农业领域。2016 年 9 月，中国人工智能学会发布了《中国人工智能系列白皮书——智能农业》，该白皮书全面论述了人工智能技术在农业中的发展与应用。2017 年 7 月，国务院发布了《新一代人工智能发展规划》，明确提出"发展智能农业，建立电信农业大数据智能决策分析系统，开展智能农场、智能化植物工厂、智能牧场、智能渔场、智能果园等应用示范"。同年 12 月，人工智能入选"2017 年度中国媒体十大流行语"。2021 年 9 月 25 日，为促进人工智能健康发展，《新一代人工智能伦理规范》发布。

现代农业发展离不开人工智能技术的支持。人工智能技术贯穿于农业生产的全过程，包括产前、产中、产后。它以其独特的技术优势，提升农业生产技术水平，实现了智能化的动态管理，减轻了农业劳动强度，并展示出巨大的应用潜

力。人工智能在农业生产产前阶段应用主要包括土壤成分及肥力分析、灌溉用水供求分析、种子品种鉴定等；在农业生产中阶段应用主要包括农业专家系统、病虫草害智能决策分析、智能控制系统、植物采收等；在农业生产产后阶段应用主要包括农产品检验、农产品运输、农产品市场价格分析等。

随着人工智能技术、3S技术、自动控制技术的不断成熟，各种农业生产智能装备应运而生。其中比较具有代表性的有智能机器人和智能农机。智能机器人方面，主要有果蔬采摘机器人、嫁接机器人、除草机器人、农产品分拣机器人等；智能农机方面，主要有智能播种机、智能插秧机、智能无人机等。这些智能设备不仅提高了农业生产的作业效率，同时也降低了农业生产成本，具有广阔的市场空间与应用前景。

三、农业物联网技术集成及应用

（一）农业物联网集成与应用

我国农业正处于从传统农业向现代农业迅速推进的过程中，农业是物联网技术应用的重要领域。农业物联网是我国农业现代化的重要技术支撑，它贯穿整个农业生产过程，从应用阶段来说包括农业产前、产中和产后，从应用方向来说，农业物联网涵盖了大田种植、设施农业、畜禽养殖、农产品质量安全溯源等多个领域。

1. 大田种植

大田作物是指在大片田地上种植的作物，如大豆、玉米、水稻、小麦、马铃薯、高粱等。由于大田作物是露地种植，受自然环境影响较大，具有许多不确定性，很难实现大面积调控，而且在大田布设传

感器成本也较高，因此传感器的布设一般都在区域范围内进行，如农业科技示范基地、农业推广应用示范园区等。农业物联网在大田种植方面的应用主要是农情监测与精准作业。

1）农情监测

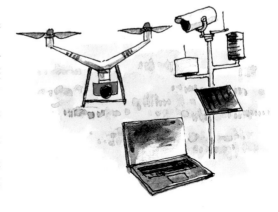

"天空地"一体化的农情监测体系日趋成熟。农业资源卫星可以实现农情信息的大面积获取，提供宏观的农情数据。监测无人机可以实现区域尺度的农情监测，特别是多旋翼无人机技术的不断发展，为大田农情监测提供了新的手段。地面及手持传感器可以实现特定位置农情信息的精准采集，覆盖区域较小，但数据精度高。结合卫星和无人机监测数据，通过数据建模与反演，可实现大范围农情信息的精准监测。

如下图所示，为黑龙江省农业科学院农业遥感与信息研究所科研团队开发的寒地盐碱地改良利用监测平台。该平台通过在大田和耐盐碱鉴定圃布设高清摄像头、土壤 PH 传感器、气象传感器等设备，实现了作物长势与环境状况的实时监测。平台集成应用物联网监测技术、地理信息系统、大数据存储调用服务和数据库技术，实现了盐碱地气象环境、作物表型、卫星遥感等结构化和非结构化数据的规范化存储与应用。监测结果可视化呈现，为农业科研人员和生产管理人员及时了解盐碱地水盐状况和作物长势提供了数字化监测工具。

2）精准作业

农机是实现大田种植必不可少的设备，而农机的精准导航与调度是精准农业实施的关键。农机是指农业生产中使用的各种机械设备，包括大小型拖拉机、平整土地机械、耕地犁具、插秧机、播种机、脱粒机、抽水机、联合收割机等。随着无人机技术的不断发展，植保无人机在农业病虫害防治方面发挥着越来越重要的作用，市场潜力持续向好。

国外农机自动导航技术的研究开发应用已被广泛重视，商品化产品已广泛应用，比较有代表性的如美国天宝（Trimble）公司的农机作业 GPS 导航自动驾驶系统。随着我国现代农业的快速发展，新的农业生产模式和新技术的应用，对农机自动导航技术在农业生产中的应用需求逐步显现。但我们必须正视，我国的农机及装备与发达国家相比还存在较大差距。

农机在作业前，生产人员会根据任务需求进行作业任务的规划。在作业过程中，农机根据事先规划的路径进行作业。农机的导航由导航驾驶系统完成，特别是近年来无人驾驶技术的不断成熟，大型农机已实现无人自主导航，不仅作业精度高，同时大大提高了工作效率。此外，随着我国北斗卫星导航系统的不断完善，低成本、高精度连续运行参考站（GORS）定位设备不断涌现。

在农机调度方面，国家农业信息化工程技术研究中心开发的农业作业机械远程监控指挥调度系统，有效避免了农机盲目调度，极大地优化了农机资源的调配。随着农业生产方式由传统农业向现代农业的转变，农机装备也加速向大型化、智能化、集群化的方向发展。

（二）设施农业

设施农业又称可控环境农业，其最大的特点就是可调、可控，更有利于物联网技术发挥其精准高效的特性，物联网技术在设施农业领域的应用推广成效也最为显著。

在设施农业中，传感器是基础。设施农业物联网常用的传感器有温度传感器、湿度传感器、光照传感器、传感器、图像传感器、压敏传感器及生物生长特性传感器等，通过这些传感器可以实时获取设施的温湿度、光照、浓度等环境信息。

传感器采集的数据信息经网络传至数据控制中心。数据传输多采用无线传输方式，管理人员在控制中心通过控制终端查看反馈的数据信息，计算机控制系统会根据预先设定的程序自动执行相应的操作。例如，当温室大棚湿度较低时，自动喷淋系统会启动；冬季温室大棚温度过低时，热风采暖或电热采暖等会启动以提高温度；夏季温室大棚温度较高时，遮阳幕或排风扇启动运行以实现降温。

温室大棚的控制设备可根据系统设定的参数阈值自动运转，但参数阈值不是一成不变的，用户不仅可以根据季节、作物对生长环境的要求等进行设定，还可以设定报警阈值。当监测参数达到阈值时进行报警，以便管理人员及时采取积极有效的应对措施。

管理人员可以通过手机、平板电脑等智能终端随时随地查看温室的监测信息及报警信息，并可以远程控制、调节温室大棚的温湿度、光照度等终端设备，为温室大棚管理带来了极大的便利，大大提高了工作效率。

口袋卡

在国际上，欧洲、日本等通常使用"设施农业（Protected Agriculture）"这一概念，而美国等则使用"可控环境农业（Controlled Environmental Agriculture）"一词。2012年我国设施农业面积已占世界总面积85%以上，其中95%以上是利用聚烯烃温室大棚膜进行覆盖。我国设施农业已经成为世界上最大面积利用太阳能的工程，其绝对数量优势使我国设施农业进入量变质变转化期，技术水平越来越接近世界先进水平。设施栽培的产量是露天种植的3.5倍，而我国人均耕地面积仅有世界人均面积的40%，因此，发展设施农业是解决我国人多地少制约可持续发展问题的最有效技术工程。

（三）农业精准灌溉

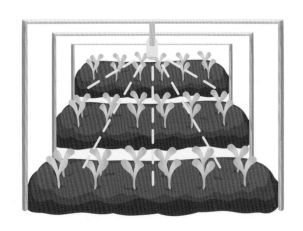

我国是农业大国，但水资源相对匮乏。在农业灌溉方面，与发达国家相比，自动化程度与智能化程度较低。为了实现水资源的可持续利用，降低灌溉成本，提高水资源利用率，这对农业灌溉提出了新的要求。农业物联网技术为农业精准灌溉提供了技术支撑。

田间地块布设的无线传感器可以采集和监测土壤水分、温度、地下水位、地下水质、作物长势、农田气象信息，并汇聚到信息服务中心。信息服务中心对各种信息进行分析处理，提供预测预警服务，再利用智能控制技术，结合土壤墒情监测信息，实现对大田作物的自动灌溉。

此外，还可以在田间地头布设高清摄像头，通过调节摄像头转动及镜头拉伸视角，获取地块及作物的视频与图像。该方式为用户提供了直观的观测方式，土地是否干旱，是否需要排水，一目了然，为生产人员进行科学决策提供了依据。

（四）畜禽养殖

农业物联网技术在畜禽养殖方面应用广泛，可以更好地监控动物的健康状况，提高生产效率，降低成本，改善养殖环境等，从而实现智能化和可持续发展。

1）物联网技术在畜禽追踪中的应用

通过在动物身上植入芯片或佩戴智能标签，可以实时追踪动物的位置、行为和健康状况，从而更好地管理动物，提高生产效率和质量。利用物联网技术的畜禽追踪可以帮助畜牧业主更好地了解动物的活动范围和行为习惯，对于动物的疾病监测和预防也有很大的帮助。同时，物联网

技术的应用还可以帮助畜牧业主更好地管理动物的饮食和饮水，提高动物的健康状况和生产效率。

2）物联网技术在环境监测中的应用

通过安装传感器监测空气质量、温度、湿度等环境参数，可以实时掌握养殖环境的情况，及时进行调整，提高动物的舒适度和生产效率。畜牧业的成功与否与养殖环境息息相关，如果环境不佳，将会对动物的健康和生产效率产生不良影响。因此，利用物联网技术的环境监测可以帮助畜牧

业主更好地了解养殖环境的情况，及时进行调整，提高动物的舒适度和生产效率。

3）物联网技术在饲料管理中的应用

通过安装称重传感器和智能喂食器，可以实现对动物饲料的精准配送和管理，减少浪费，提高饲料利用率。饲料管理是畜牧业中的一个重要环节，如果饲料管理不当，将会浪费大量的饲料资源，增加成本。因此，利用物联网技术的饲

料管理可以帮助畜牧业主更好地掌握饲料的用量和质量，精准配送和管理饲料，减少浪费，提高饲料利用率。

4）物联网技术在健康监测中的应用

通过安装智能传感器监测动物的体温、心率、呼吸等生理参数，可以及时发现动物的健康问题，及时采取措施，减少疾病的发生和死亡率。动物的健康状况是畜牧业生产的关键因素之一，如果动物生病或死亡，将会对畜牧业主的生产效益产生不良影响。因此，利用物联网技术的健康监测可以帮助畜牧业主更好地了解动物的健康状况，及时发现和处理动物的健康问题，减少疾病的发生和死亡率，提高畜牧业的生产效益。

5）物联网技术在生产管理中的应用

通过使用物联网技术，可以实现对畜牧业生产全流程的智能管理。从饲养到出栏，从销售到物流，全程都可以实现可视化和数据化追踪。这种智能管理方式不仅可以提高生产效率和质量，还可以帮助畜牧业主更好地掌握畜牧业生产全流程的信息，减少资源浪费，降低成本，从而提高经济效益。

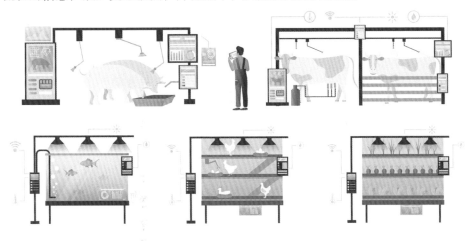

（五）农产品质量安全溯源

农产品溯源体系建设对于有效解决农产品质量安全问题具有重要的现实意

义。将物联网技术与农产品质量安全监控相结合，可以有效实现对农产品安全的管理与监管。国家高度重视农产品质量安全，相继出台了《国务院办公厅关于加快推进重要产品追溯体系建设的意见》（国办发〔2015〕95号）、《农业部关于加快推进农产品质量安全追溯体系建设的意见》（农质发〔2016〕8号）等政策，并于2017年在部分省份先行开展了国家农产品质量安全追溯管理信息平台（简称国家追溯平台）试运行工作。同时，各级地方政府也根据自身实际，建立并推广应用了相应的食品安全追溯平台及农产品可追溯系统。

从国内外的研究和实践来看，农产品质量安全追溯能够在以下几个方面发挥重要作用：

（1）保障食品安全。 农产品质量安全追溯体系使得作为食品主力军的农产品及其加工品从产地到餐桌的全链条信息可追溯，可有效破解各环节之间信息不对称问题，建立起各环节的质量信息互通机制和质量安全责任潜在惩

罚机制，从而达到降低食品安全风险的目的。以农产品质量安全追溯体系来保障食品安全，契合新发展阶段实现高质量发展的任务要求，符合创新、协调、绿色、开放、共享的新发展理念，有助于构建新发展格局。

（2）促进产销对接、推动城乡互动、推进乡村振兴进程。 农产品质量安全追溯体系建设过程，也是农产品信息渠道搭建的过程，一个完善的农产品质量安全追溯体系，可以提供农产品从生产端、供应端到消费端的诸多重要信息，从而促进农产品产销的顺畅对接，有助于农产品从乡村到城镇的流通，进而对推动城乡互动和乡村振兴起到重要作用。农产品质量安全追溯体系还有助于农产品品牌的培育与保护，从而成为促进特色农业发展的有效载体。

（3）在社会治理方面发挥重要作用。 农产品信息在追溯体系内的无障碍流通，可以实现与国内外农产品流通系统的有效对接，促进农产品的精准保供，有助于对重点地区与风险地区的人流、物流等信息的实时监控，有助于通过利用大数据、区块链、云计算、人工智能等新一代信息技术，把各种风险和不确定性控制在最低的范围内，进而对社会治理产生重要作用。

第二节　精准农业技术

精准农业又称为精确农业或精细农作，起源于美国。精准农业是以信息技术为支撑，根据空间变异，定位、定时、定量地实施一整套现代化农事操作与管理的系统，是信息技术与农业生产全面结合的一种新型农业。精准农业是近年出现的专门用于大田作物种植的综合集成的高科技农业应用系统。

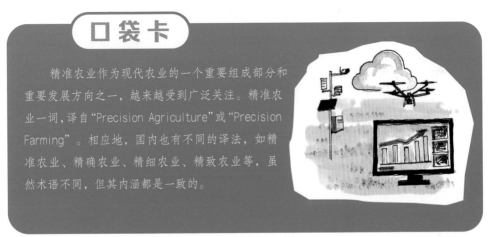

口袋卡

精准农业作为现代农业的一个重要组成部分和重要发展方向之一，越来越受到广泛关注。精准农业一词，译自"Precision Agriculture"或"Precision Farming"。相应地，国内也有不同的译法，如精准农业、精确农业、精细农业、精致农业等，虽然术语不同，但其内涵都是一致的。

一、北斗卫星导航系统

北斗卫星导航系统（Beidou Navigation Satellite System，简称：BDS，又称为：COMPASS）是中国自行研制的全球卫星导航系统，也是继 GPS、GLONASS 之后的第三个成熟的卫星导航系统。北斗卫星导航系统（BDS）和美国 GPS、俄罗斯 GLONASS、欧盟 GALILEO，是联合国卫星导航委员会已认定的供应商。

北斗卫星导航系统由空间段、地面段和用户段三部分组成，可在全球范围内全天候、全天时为各类用户提供高精度、高可靠定位、导航、授时服务。该系统具备短报文通信能力，已经初步具备区域导航、定位和授时能力。其定位精度为分米、厘米级别，测速精度为 0.2 米 / 秒，授时精度为 10 纳秒。

全球范围内已经有 137 个国家与北斗卫星导航系统签下了合作协议。随着全球组网的成功，北斗卫星导航系统未来的国际应用空间将会不断扩展。

2023 年 5 月 17 日 10 时 49 分，中国在西昌卫星发射中心用长征三号乙运载火箭，成功发射第 56 颗北斗导航卫星。

口袋卡

北斗卫星导航系统的标志由正圆形、写意的太极阴阳鱼、北斗星、网格化地球和中英文文字等要素组成。

圆形构型象征中国传统文化中的"圆满"，深蓝色的太空和浅蓝色的地球代表航天事业。

太极阴阳鱼蕴含了中国传统文化。

北斗星是自远古时起人们用来辨识方位的依据。司南是中国古代发明的世界上最早的导航装置，两者结合既彰显了中国古代科学技术成就，又象征着卫星导航系统星地一体，同时还蕴含着中国自主卫星导航系统的名字——北斗。

网格化地球和中英文标志也象征着我国的北斗卫星导航系统开放兼容、服务全球的愿景。

（一）北斗卫星导航系统的发展历程

中国高度重视北斗系统建设发展，自20世纪80年代开始探索适合国情的卫星导航系统发展道路，形成了"三步走"发展战略：2000年年底，建成北斗一号系统，向中国提供服务；2012年年底，建成北斗二号系统，向亚太地区提供服务；2020年，建成北斗三号系统，向全球提供服务。

第一步，建设北斗一号系统。 1994年，启动北斗一号系统工程建设；2000年，发射2颗地球静止轨道卫星，建成系统并投入使用，采用有源定位体制，为中国用户提供定位、授时、广域差分和短报文通信服务；2003年发射第3颗地球静止轨道卫星，进一步增强系统性能。

第二步，建设北斗二号系统。 2004年，启动北斗二号系统工程建设；2012年年底，完成14颗卫星（5颗地球静止轨道卫星、5颗倾斜地球同步轨道卫星和4颗中圆地球轨道卫星）发射组网。北斗二号系统在兼容北斗一号系统技术体制基础上，增加无源定位体制，为亚太地区用户提供定位、测速、授时和短报文通信服务。

第三步，建设北斗三号系统。 2009年，启动北斗三号系统建设；2018年年底，完成19颗卫星发射组网，完成基本系统建设，向全球提供服务；计划2020年年底前，完成30颗卫星发射组网，全面建成北斗三号系统。北斗三号系统继承北斗有源服务和无源服务两种技术体制，能够为全球用户提供基本导航（定位、测速、授时）、全球短报文通信、国际搜救服务，中国及周边地区用户还可享有区域短报文通信、星基增强、精密单点定位等服务。

截至 2019 年 9 月，北斗卫星导航系统在轨卫星数量已达 39 颗。从 2017 年底开始，北斗三号系统建设进入了超高密度发射阶段。2018 年 12 月 27 日，北斗系统正式向全球提供 RNSS 服务。

2020 年 6 月 23 日，中国在西昌卫星发射中心用长征三号乙运载火箭，成功发射北斗系统第 55 颗导航卫星，即北斗三号最后一颗全球组网卫星，至此北斗三号全球卫星导航系统星座部署比原计划提前半年全面完成。

2020 年 7 月 31 日上午 10 时 30 分，北斗三号全球卫星导航系统建成暨开通仪式在人民大会堂举行，中共中央总书记、国家主席、中央军委主席习近平宣布北斗三号全球卫星导航系统正式开通。

2020 年 12 月 15 日，北斗导航装备与时空信息技术铁路行业工程研究中心成立。

2021 年 5 月 26 日，在中国南昌举行的第十二届中国卫星导航年会上，中国北斗卫星导航系统主管部门透露，中国卫星导航产业年均增长达 20% 以上。截至 2020 年，中国卫星导航产业总体产值已突破 4000 亿元。

2022 年，全面国产化的长江干线北斗卫星地基增强系统工程已建成并投入使用，北斗智能船载终端陆续投放航运市场，长江干线 1.5 万余艘船舶用上北斗系统。

2022 年 1 月，西安卫星测控中心圆满完成 52 颗在轨运行的北斗导航卫星健康状态评估工作。"体检"结果显示，所有北斗导航卫星的关键技术指标均满足正常提供各类服务的要求。

2022 年 8 月，随着第一个北斗导航探空仪在广东清远探空站施放，中国探空业务改革试点工作正式拉开帷幕。

2022 年 9 月，工信部表示，在北斗应用方面，国内北斗高精度共享单车投放量突破 500 万辆，货车前装北斗超过百万辆。2022 年上半年，新进网手机中有 128 款支持北斗，出货量合计 1.32 亿部，出货量占比达 98.5%。

2022 年 11 月 16 日至 29 日，国际搜救卫星组织（COSPAS-SARSAT）第 67 届公开理事会召开。大会开幕式上正式宣布中国政府与 COSPAS-SARSAT 四个理事国完成《北斗系统加入国际中轨道卫星搜救系统合作意向声明》的签署，标志着北斗系统正式加入国际中轨道卫星搜救系统。

2022 年 11 月 18 日，中国铁建股份有限公司消息，历经四年研发，由中国铁建铁四院牵头承担的《基于北斗导航系统的铁路及航运领域应用技术研究》成功完成。该研究解决了中国铁路勘测完全依赖 GPS 的问题，可实现北斗系统全替代，是中国交通领域探索"中国方案"的一次突破创新。

2022 年 12 月 14 日，中国卫星导航系统管理办公室发布消息，宣布高德地图调用的北斗卫星日定位量已超过 2100 亿次，提供的定位导航服务实现北斗主导。

2023 年 2 月，公开数据显示，北斗终端数量在交通运输营运车辆领域超过 800 万台，农林牧渔业达到 130 余万台。

截至 2023 年 7 月，北斗系统已服务全球 200 多个国家和地区用户。

2035 年，中国将建设完善更加泛在、更加融合、更加智能的综合全球卫星导航系统，进一步提升时空信息服务能力，为人类走得更深更远做出中国贡献。

（二）北斗卫星导航系统的建设进展

2018 年年底，北斗三号基本系统建成并提供全球服务，包括"一带一路"国家和地区在内的世界各地均可享受到北斗系统服务。

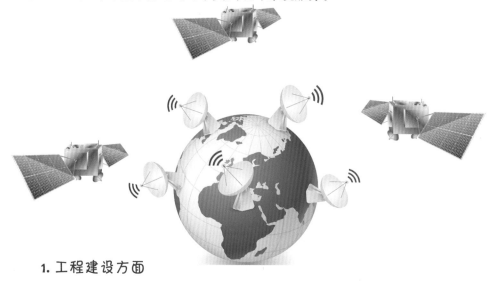

1. 工程建设方面

空间段实现全球组网。当前，北斗一号系统已退役；北斗二号系统有 15 颗卫星连续稳定运行；在北斗三号系统正式组网前，我们发射了 5 颗北斗三号试验卫星，进行了在轨试验验证。我们研制了更高性能的星载铷原子钟（天稳定度达到 10 ~ 14 量级）和氢原子钟（天稳定度达到 10 ~ 15 量级），进一步提高了卫星性能与寿命。成功发射了 19 颗组网卫星，其中，18 颗中圆地球轨道卫星已提供服务，1 颗地球静止轨道卫星处于在轨测试状态。构建了稳定可靠的星间链路，基本系统星座部署圆满完成。

地面段实施了升级改造。北斗三号系统建立了高精度时间和空间基准，增加了星间链路运行管理设施，实现了基于星地和星间链路联合观测的卫星轨道和钟差测定业务处理，具备定位、测速、授时等全球基本导航服务能力；同时，开展了短报文通信、星基增强、国际搜救、精密单点定位等服务的地面设施建设。

2.系统运行方面

健全稳定运行责任体系。完善北斗系统空间段、地面段、用户段多方联动的常态化机制，完善卫星自主健康管理和故障处置能力，不断提高大型星座系统的运行管理保障能力，推动系统稳定运行工作向智能化发展。

实现系统服务平稳接续。北斗三号系统向前兼容北斗二号系统，能够向用户提供连续、稳定、可靠服务。

创新风险防控管理措施。采用卫星在轨、地面备份策略，避免和降低卫星突发在轨故障对系统服务性能的影响；采用地面设施的冗余设计，着力消除薄弱环节，增强系统可靠性。

保持高精度时空基准，推动与其他卫星导航系统时间坐标框架的互操作。北斗系统时间基准（北斗时），溯源于协调世界时（UTC），并采用国际单位制（SI）秒作为基本单位进行连续累计，不进行闰秒。起始历元为 2006 年 1 月 1 日协调世界时 00 时 00 分 00 秒。北斗时通过中国科学院国家授时中心保持的 UTC，即 UTC（NTSC）与国际 UTC 建立联系，与 UTC 的偏差保持在 50 纳秒以内。北斗时与 UTC 之间的跳秒信息在导航电文中播发。北斗系统采用北斗坐标系（BDCS），坐标系定义符合国际地球自转服务组织（IERS）规范，采用 2000 中国大地坐标系（CGCS2000）的参考椭球参数，对准于最新的国际地球参考框架（ITRF），每年更新一次。

建设全球连续监测评估系统。统筹国内外资源，建成监测评估站网和各类中心，实时监测评估包括北斗系统在内的各大卫星导航系统星座状态、信号精度、信号质量和系统服务性能等，向用户提供原始数据、基础产品和监测评估信息服务，为用户应用提供参考。

（三）北斗卫星导航系统的特点

北斗系统的建设实践，走出了在区域快速形成服务能力、逐步扩展为全球服务的中国特色发展路径，丰富了世界卫星导航事业的发展模式。北斗系统具有以下特点：

一是北斗系统空间段采用三种轨道卫星组成的混合星座，与其他卫星导航系统相比高轨卫星更多，抗遮挡能力强，尤其低纬度地区性能优势更为明显。

二是北斗系统提供多个频点的导航信号，能够通过多频信号组合使用等方式提高服务精度。

三是北斗系统创新融合了导航与通信能力，具备定位导航授时、星基增强、地基增强、精密单点定位、短报文通信和国际搜救等多种服务能力。

（四）北斗卫星导航系统的应用

中国积极培育北斗系统的应用开发，打造由基础产品、应用终端、应用系统和运营服务构成的产业链，持续加强北斗产业保障、推进和创新体系建设，不断改善产业环境，扩大应用规模，实现融合发展，提升卫星导航产业的经济和社会效益。

1. 基础产品及设施

北斗基础产品已实现自主可控，国产北斗芯片、模块等关键技术全面突破，性能指标与国际同类产品相当。多款北斗芯片已经实现规模化应用，工艺水平达到 28 纳米。

截至 2018 年 11 月，国产北斗导航型芯片、模块等基础产品销量已突破7000 万片，国产高精度板卡和天线销量分别占国内市场 30% 和 90% 的市场份额。

建设北斗地基增强系统。截至 2018 年 12 月，在中国范围内已建成 2300 余个北斗地基增强系统基准站，这些基准站不仅可以提供米级、分米级、厘米级的定位导航服务，还可以提供后处理毫米级的精密定位服务。这些服务在交通运输、地震预报、气象测报、国土测绘、国土资源、科学研究与教育等多个领域发挥了重要作用。

2. 行业及区域应用

北斗系统提供服务以来，已在交通运输、农林渔业、水文监测、气象测报、通信系统、电力调度、救灾减灾、公共安全等领域得到广泛应用，融入国家核心基础设施，产生了显著的经济效益和社会效益。

（1）交通运输方面。北斗系统广泛应用于重点运输过程监控、公路基础设施安全监控、港口高精度实时定位调度监控等领域。截至 2018 年 12 月，国内超过 600 万辆营运车辆、3 万辆邮政和快递车辆，36 个中心城市约 8 万辆公交车、3200 余座内河导航设施、2900 余座海上导航设施已应用北斗系统。北斗系统的应用有效提高了监控管理效率和道路运输安全水平。据统计，2017 年与 2011 年中国道路运输重特大事故发生起数和死亡失踪人数相比均下降 50%。

（2）农林渔业方面。基于北斗的农机作业监管平台实现了对农机设备远程管理和精准作业，服务农机设备超过 5 万台，精细农业产量提高 5%，农机油耗节约 10%。北斗系统的定位与短报文通信功能在森林防火等应用中发挥了突出作用。此外，北斗系统还为渔业管理部门提供船位监控、紧急救援、信息发布、渔船出入港管理等服务。全国 7 万余只渔船和执法船安装了北斗终端。

（3）水文监测方面。成功应用于多山地域水文测报信息的实时传输，提高灾情预报的准确性，为制定防洪抗旱调度方案提供重要支持。

（4）气象测报方面。研制一系列气象测报型北斗终端设备，形成系统应用解决方案，提高了国内高空气象探空系统的观测精度、自动化水平和应急观测能力。

（5）通信系统方面。突破光纤拉远等关键技术，研制出一体化卫星授时系统，开展北斗双向授时应用。

（6）电力调度方面。开展基于北斗的电力时间同步应用，为在电力事故分析、电力预警系统、保护系统等高精度时间应用创造了条件。

（7）救灾减灾方面。基于北斗系统的导航、定位、短报文通信功能，提供实时救灾指挥调度、应急通信、灾情信息快速上报与共享等服务，显著提高了灾害应急救援的快速反应能力和决策能力。

（8）公共安全方面。全国 40 余万部警用终端已连入警用位置服务平台。北斗系统在亚太经济合作组织会议、二十国集团峰会等重大活动安保中发挥了重要作用。

3. 大众应用

北斗系统大众服务发展前景广阔。基于北斗的导航服务已被电子商务、移动智能终端制造、位置服务等众多领域采用，广泛进入中国大众消费、共享经济和民生领域，深刻改变着人们的生产生活方式。

2019 年 5 月 10 日，由中国联通与华大北斗共同成立的"5G+北斗高精度定位开放实验室"将运营商、芯片模组商、设备商、垂直行业应用商、研究机构及高校联合起来，构建基于 5G 和北斗的合作生态系统，共同推动 5G+北斗的高精度定位在垂直行业的应用落地。

（1）电子商务领域。国内多家电子商务企业的物流货车及配送员，应用北斗车载终端和手环，实现了车、人、货信息的实时调度。

（2）智能手机应用领域。国内外主流芯片厂商均推出兼容北斗的通导一体化芯片。2022 年具有卫星导航定位功能的智能手机出货量达到 2.64 亿部，而支持北斗定位系统的智能手机出货量达到 2.6 亿部，整体占比约 98.5%。2022 年 9 月 6 日，华为技术有限公司发布了全球首款搭载了卫星通信技术的"消费级手机"——北斗卫星手机。这款手机可以在无地面网络的情况下，不换卡、不换号、不增加外设，也能通过北斗三号短报文服务发送地理位置和紧急信息等。因此"捅破天"的华为 Mate50 系列也被国家博物馆收藏进了展示台。

二、地理信息系统

地理信息系统（GIS）是融合了信息科学、计算机科学、现代地理学、测绘遥感学、空间科学、环境科学和管理科学等而形成的一门新兴交叉学科。以地理空间数据库为基础，在计算机软硬件技术支持下，采集、存储、管理、检索、显示和分析整个或部分地球表面相关的空间与非空间数据，用于解决复杂规划、管理与决策问题的综合信息系统。它是由一些计算机程序和各种地学信息数据组织而成的现实空

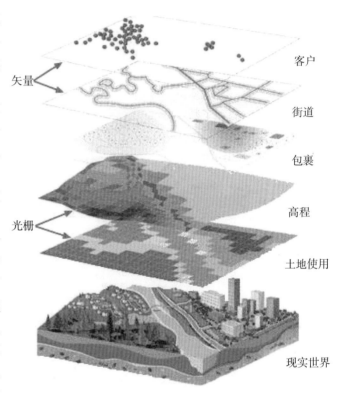

间信息模型，通过这些模型，用可视化的方式对各种空间现象进行定性和定量的模拟与分析。

（一）地理信息系统的发展历史

地理信息系统起源于 20 世纪 60 年代初期，至今已有 60 年的历史。大致经历了以下 5 个阶段：

1. 开拓起步阶段（20 世纪 60 年代）

1963 年，加拿大测量学家 R.T.Tomlinson 首先提出了"地理信息系统"这一术语，并与加拿大国土调查部门工作人员共同开发了世界上第一个地理信息系统，

即加拿大地理信息系统（CGIS）。1966 年，哈佛大学成功开发了第一款栅格 GIS（SYMAP）；同年，美国城市和区域信息系统协会（URISA）成立。1969 年，哈佛实验室的 Jack Dangermond 及其团队建立了美国环境系统研究所（ESRI）公司，从事 GIS 项目研究，ESRI 公司现已成为世界最大的 GIS 技术提供商。同年，美国州信息系统全国协会（NASIS）成立。

2. 巩固发展阶段（20 世纪 70 年代）

随着计算机技术的飞速发展，尤其是大容量存储设备的使用，为数据存储与计算提供了保障。在此期间，一些发达国家先后建立了许多专业性地理信息系统。1970—1976 年，美国地质勘探局（USGS）先后建成了 50 多个信息系统；1974 年，日本国土地理院建立了数字国土信息系统。这一时期的 GIS 领域的学术研讨也较为活跃，1970 年，国际地理联合会（IGU）在加拿大首次召开了第一次国际地理信息系统会议；1978 年，国际测量联盟（FIG）在德国达姆施塔特工业大学召开了第一次地理信息系统研讨会。

3. 技术突破阶段（20 世纪 80 年代）

1981 年，GIS 软件系统 AreInfo 投入市场；1984 年，图书 *Basic Reading in Geographic Information Systems* 出版，该书是最早的 GIS 参考书；1985 年，我国建立了资源与环境信息系统国家重点实验室；1986 年，MapInfo 公司成立，并推出了第一款桌面 GIS 产品；1987 年，美国成立了国家地理信息与分析中心以（NCGIA）。这一阶段，GIS 已跨越国界，在全世界范围内推广，应用领域也不断扩大，并与 GPS 和 RS 相结合，开始解决全球性问题。

4. 社会化阶段（20 世纪 90 年代）

1994 年，美国总统克林顿签署总统令，批准建立美国国家空间基础设施（NSDI）及联邦地理数据委员会（FGDC）；1995 年，英国陆军测量局建立了第一个覆盖国家范围的地理数据库。在此阶段，各种 GIS 软件产品推向市场，包括 Autodesk、ESRI、Intergraph 和 MapInfo 等，GIS 已经逐渐深入各行各业，成为许多机构必备的工作系统，尤其在政府决策部门发挥了重要作用。

5. 社会化与产业化相结合阶段（2000 年以后）

进入 21 世纪，地理信息系统的理论与应用技术更加成熟。随着"数字地球"概念的提出，GIS 有了一个飞跃的发展，以 3S 集成技术为核心的地理信息系统得到了广泛应用。GIS 发展将朝着网络化、分布式、多维化和时空信息系统方向发展。

（二）地理信息系统的分类

1. 专题地理信息系统

它具有有限目标和专业特点，为特定的专门目的服务，如水资源管理信息系统、矿产资源信息系统、作物估产信息系统、草场资源管理信息系统、水土流失信息系统、环境管理信息系统、森林动态监测信息系统等。

2. 区域地理信息系统

它主要以区域综合研究和全面信息服务为目标，可以有不同规模，如国家级、地区级、省级、市级或县级等为各不同级别行政区服务的区域信息系统，如加拿大国家信息系统；也有按自然分区或以流域为单位分区的区域信息系统，如我国黄河流域信息系统等。实际上，许多地理信息系统是介于上述二者之间的区域性专题信息系统，如北京市水土流失信息系统、京津唐区域开发信息系统、海南岛土地评价信息系统等。

3. 地理信息系统工具软件

它是一组具有图形图像数字化、存储管理、查询检索、分析运算和多种输出等地理信息系统基本功能的软件包，是专门设计研制的用来作为地理信息系统的支撑软件，以建立专题或区域性的地理信息系统。

国内外研制开发的商品化的 GIS 软件平台多达数百种，如美国环境系统研究所开发的 ARC/INFO，美国 MapInfo 公司开发的 MapInfo，澳大利亚 GENASYS 公司开发的 Genamap，以及我国北京超图地理信息技术有限公司开发的 SuperMap，武汉测绘科技大学 GIS 研究中心研制的吉奥之星（GeoStar）等。

基于通用地理信息系统软件建立区域或专题地理信息系统，不仅可以节省软件开发成本、缩短系统开发周期、提高系统开发效率，而且易于地理信息技术的推广。

（三）地理信息系统的特征

地理信息系统是以地理空间数据库为基础，在计算机软件、硬件的支持下，对相关空间数据按地理坐标或空间位置进行预处理、分析、运算、显示、更新等，与普通的信息系统相比，除具有信息的一般特征之外，还具有以下特征：

（1）具有采集、管理、分析和输出多种空间信息的能力。

（2）具有空间分析、多要素综合分析和预测预报的能力，为宏观决策管理服务。

（3）能够快速、准确实现空间分析和动态监测研究。

（四）地理信息系统的组成

完整的 GIS 主要由 GIS 硬件系统、GIS 软件系统、地理空间数据库和系统管理人员四部分组成，其核心是 GIS 软硬件系统，空间数据库反映了 GIS 地理内容，系统管理人员决定了系统的工作方式和信息显示方式。GIS 的组成如图所示。

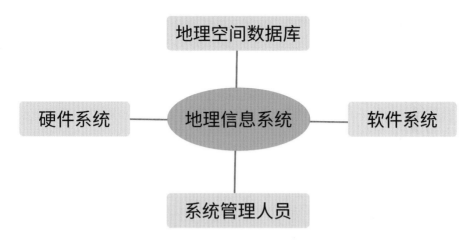

1.GIS 硬件系统

GIS 硬件系统构成了的物理外壳，是实际的物理装置的总称。其硬件配置一般包括四个方面：计算机、数据输入设备、数据存储设备和数据输出设备。

计算机是硬件系统的核心，用于数据的处理、加工和分析等，目前运行 GIS 的主机包括大型机、中型机、小型机、工作站、微型机及掌上机；GIS 的数据输入设备主要包括鼠标、键盘、数字化仪、扫描仪、手写笔、光笔、通信接口、GIS 接收机和其他专用测量仪器等；GIS 的数据存储设备主要包括电脑硬盘、磁带机、光盘、移动硬盘、磁盘阵列等；GIS 的数据输出设备主要包括显示器、打印机、绘图仪等。

2.GIS 软件系统

GIS 软件系统是指运行所必需的各种程序，是 GIS 的核心部分，用于执行 GIS 功能的各种操作。GIS 软件由两大部分组成：一是计算机系统软件，二是 GIS 系统软件和应用分析软件。

3. 地理空间数据库

地理空间数据是指以地球表面空间位置为参照的自然、社会和人文景观数据，可以是图形、图像、文字、表格和数字等，由系统的建立者通过数字化仪、扫描仪、键盘、磁带机或其他通信系统输入 GIS，是系统程序作用的对象，是所表达的现实世界经过模型抽象的实质性内容。

4. 系统管理人员

人是 GIS 中重要的构成因素，包括开发人员、应用研究人员和终端用户，他们的业务素质和专业知识背景是 GIS 工程及其应用成功的关键。地理信息系统从其设计、建立、运行到维护的整个生命周期，处处都离不开人的作用，仅有系统软硬件和数据还不能构成完整的地理信息系统，需要通过人进行系统组织、管理、维护和数据更新、系统扩充完善、应用程序开发，并灵活采用地理分析模型提取多种信息，为决策与管理服务。

三、遥感技术

遥感技术是通过从远距离感知目标反射或自身辐射的电磁波、可见光、红外线等，对目标进行探测和识别的技术。例如航空摄影就是一种遥感技术。人造地球卫星发射成功，大大推动了遥感技术的发展。现代遥感技术主要包括信息的获取、传输、存储和处理等环节。完成上述功能的全套系统称为遥感系统，其核心组成部分是获取信息的遥感器。遥感器的种类很多，主要有照相机、电视摄像机、多光谱扫描仪、成像光谱仪、微波辐射计、合成孔径雷达等。传输设备用于将遥感信息从远距离平台（如卫星）传回地面站。信息处理设备包括彩色合成仪、图像判读仪和数字图像处理机等。

口袋卡

自然界中存在许多遥感现象。例如，海豚在海水中依靠声音探测目标、导航定位；蝙蝠利用发射、接收超声波，在黑暗环境中实现目标距离的判定与方位感知；人眼通过接收物体反射或发射的可见光来感知和记忆各种物体；人们使用相机进行拍照等，都属于遥感的范畴。

（一）遥感技术的发展历程

遥感是以航空摄影技术为基础，在 20 世纪 60 年代初发展起来的一门新兴技术，其发展大致可分为以下 4 个阶段。

1. 无记录地面遥感阶段（1608—1838 年）

1608 年，汉斯李波尔赛制造了世界第一架望远镜；1609 年，伽利略制作了放大 3 倍的科学望远镜，并实现了月球的首次观测；1794 年，气球首次被用于升空侦察，开辟了远距离观测目标的先河。但是，此时的观测却不能把观测到的事物用图像的方式记录下来。

2. 有记录地面遥感阶段（1839—1857 年）

1839 年，达盖尔公布了他和尼普斯拍摄的照片，第一次成功将拍摄事物记录在胶片上。1849 年，法国人艾米 劳塞达特制定了一项摄影测量计划，成为有目的、有记录的地面遥感发展的标志。

3. 空中摄影遥感阶段（1858—1956 年）

随着摄影技术的诞生及相机的出现，以及热气球、飞机等遥感载体的发明与应用，揭开了空中摄影遥感发展的序幕。1858 年，C.F. 陶纳乔用系留气球拍摄了法国巴黎的"鸟瞰"相片；1860 年，J.W. 布莱克与 S. 金乘气球成功拍摄了美国波士顿的照片；1903 年，J. 纽布朗纳在信鸽身上捆绑微型相机实现空中拍摄，同年，莱特兄弟发明了飞机，才真正促使航空遥感向实用化迈进；1909 年，W. 莱特首次在意大利利用飞机进行空中摄影；1913 年，开普敦 塔迪沃在维也纳国际摄影测量学会会议上发表论文，详细阐述了飞机摄影绘制地图的问题。第一次世界大战期间 (1914—1918 年)，形成了独立的航空摄影测量学的学科体系；第二次世界大战期间 (1939—1945 年)，彩色摄影、红外摄影、雷达技术、多光谱摄影、扫描技术等相继问世，遥感迎来了一个全新发展时期。

4. 航天遥感阶段（1957 年至今）

1957 年 10 月 4 日，苏联成功发射了第一颗人造地球卫星，标志着遥感技术发展进入了一个新纪元；1960 年，美国发射了 TRIOS、NOAA 太阳同步气象卫星，真正实现了从航天器上对地球进行长期观测。从此，航天遥感进入了飞速发展阶段并取得了重大进展。迄今为止，全球已发射的卫星和其他空间飞行器共有 6 000 余个，其中以对地球观测为主要任务的遥感卫星就占了 1/3，他们组成了在不同地球轨道上不断对地球进行观测的卫星系统。

（二）遥感系统的组成

一个完整的遥感系统由传感器、载体和指挥系统 3 部分组成。一个人就可以看作一个完整的遥感系统，眼睛、耳朵等器官是传感器，身体是载体，大脑是指挥系统。

1. 传感器

传感器是记录地物反射或发射电磁波信息的装置，是遥感系统的主要功能组成部分。根据传感器的工作方式不同，可以分为主动式和被动式两种。主动式传感器是由人工辐射源向目标物发射辐射能量，然后接收从目标物反射回来的能量，如激光雷达、微波散射计等；被动式传感器是接收自然界的物体所辐射的能量，如摄像机、多波段光谱扫描仪、红外光谱仪等。

2. 载体

载体又称遥感平台，是装载传感器的运载工具。按高度的不同可分为近地面平台、航空平台和航天平台。近地面平台是指在地面上装载传感器的固定或可移动装置，如汽车、轮船、地面观测台等；航空平台主要包括飞机、气球、飞艇等；航天平台主要包括探测火箭、人造地球卫星、宇宙飞船和航天飞机等。

3. 指挥系统

指挥系统是指挥和控制传感器与平台并接收其信息的指挥部，现代遥感的指挥系统一般均为计算机系统。如在卫星遥感中，由地面控制站的计算机向卫星发送指令，以控制卫星载体运行的姿态、速度，命令将星载传感器探测的数据和来自地面遥测站的数据向指定地面接收站发射；地面接收站接收卫星发送来的全部数据信息，送交数据中心进行各种预处理，然后提交用户使用等，均由指挥系统来控制。

（三）遥感类型的划分

遥感技术内容广泛，分类方法很多，常见的分类主要有以下几种：

1. 按遥感平台分类

地面遥感。传感器放置于地面平台上，如车载、船载、手提、地面固定或移动高架平台等。

航空遥感。传感器放置于航空器上，主要包括有人飞机、无人机、热气球等。

航天遥感。传感器放置于环地球的航天器上，主要包括人造地球卫星、航天飞机、空间站等。

航宇遥感。传感器放置于航空器星际飞船上，用于对地外行星和其他天体的探测。

2. 按工作方式分类

主动遥感。主动遥感是遥感器发射工作波段的电磁波，经地物反射后接收其回波的遥感方式，其辐射源是人工的。

被动遥感。被动遥感是遥感器不发射电磁波，只接收地物对太阳辐射的反射或地物自身发射的电磁波的遥感方式，其辐射源是自然的。

3. 按波段分类

按波段分类的遥感类型有：紫外遥感、可见光遥感、红外遥感、微波遥感、多波段遥感。

4. 按遥感的应用领域分类

大气遥感。利用遥感研究大气状况，为气象预报等提供信息。

资源遥感。利用遥感研究地球表层资源分布，包括土地资源、水资源、矿产资源等。

环境遥感。利用遥感研究地球环境及其变化，包括温室效应、生态变化、环境污染、碳循环、地质灾害等。

农业遥感。利用遥感研究农业资源及其变化，包括农业病虫害监测、农作物估产、农情监测、农作物生长状况等。

（四）农业遥感技术

农业遥感是指利用遥感技术进行农业资源调查，土地利用现状分析，农业病虫害监测，农作物估产等农业应用的综合技术，可通过获取农作物影像数据，包括其农作物生长情况、预报预测农作物病虫害。

它是将遥感技术与农学各学科及其技术紧密结合起来，为农业发展提供综合服务的一门技术。主要包括利用遥感技术进行土地资源的调查，土地利用现状的调查与分析，农作物长势的监测与分析，病虫害的预测，以及农作物的估产等。它是当前遥感应用的最大用户之一。

利用遥感技术可以监测农作物的种植面积、农作物长势信息，快速监测和评估农业干旱、病虫害等灾害信息，估算全球范围、全国和区域范围的农作物产量，为粮食供应数量分析与预测预警提供重要信息。

遥感卫星能够快速准确地获取地面信息，结合地理信息系统（GIS）和全球定位系统（GPS）等其他现代高新技术，可以实现农情信息收集和分析的定时、定量、定位，客观性强，不受人为干扰，方便农事决策，使发展精准农业成为可能。

农作物遥感基本原理：遥感影像的红波段和近红外波段的反射率及其组合与作物的叶面积指数、太阳光合有效辐射、生物量具有较好的相关性。通过卫星传感器记录的地球表面信息，辨别作物类型，建立不同条件下的产量预报模型，集成农学知识和遥感观测数据，实现作物产量的遥感监测预报。我们可以通过遥感集市下载获取影像数据，同时利用各大终端产品定期获取专题信息产品监测与服务报告，避免了手工方法收集数据费时费力且具有某种破坏性的缺陷。

1. 农业遥感精细监测的主要内容

（1）多级尺度作物种植面积遥感精准估算产品。

（2）多尺度作物单产遥感估算产品。

（3）耕地质量遥感评估和粮食增产潜力分析产品。

（4）农业干旱遥感监测评估产品。

（5）粮食生产风险评估产品。

（6）植被标准产品集。

2. 农业遥感应用主要表现

1）农业资源调查及动态监测

全国土地资源概查。 1980 年 6 月—1983 年 12 月，在全国农业区划委员会办公室组织下，会同国家测绘局、林业部、农牧渔业部及有关的 46 个单位 298 名科技人员，利用 MSS 卫片进行了全国土地资源概查。这是第一次利用美国陆地卫星 MSS 数据进行全国范围的土地利用现状调查，涉及 15 个地类，并按 1：50 万比例尺成图。这项调查宏观地反映了我国土地资源的基本状况，填补了我国土地资源不清的空白。

土壤侵蚀遥感调查。 20 世纪 80 年代中期，主要利用美国陆地卫星资料进行了土壤侵蚀分区、分类、分级制图。各区制图比例尺不小于 1：50 万，全国拼图后缩成 1：100 万、1：200 万、1：250 万成果图，并制成 1：400 万土壤侵蚀区划图。

中国北方草原草畜动态平衡监测研究。 1989—1993 年，在国家航天办的资助下，全国农业区划办公室组织有关单位，利用遥感技术建立了我国北方草原草畜动态平衡监测业务化运行系统。

全国耕地变化遥感监测。 1993—1996 年期间，全国农业资源区划办公室组织有关技术单位，利用美国陆地卫星图像连续 4 年开展了全国耕地变化遥感监测工作，其结果引起了中央有关部门的高度重视，为合理利用每寸土地，保护农业耕地提供了辅助决策依据。

全国资源环境调查。 “八五”期间全国农业资源区划办公室和中国科学院资源环境局组织开展了“国家资源环境遥感宏观调查与动态研究”，在 1992—1995 年的 3 年时间里完成了全国资源环境调查，建立了一个完整的资源环境数据库，与过去开展一项单项专题的全国资源环境调查需 5～10 年的时间相比是一个很大的进步。在项目实施中全部采用了 90 年代接收的最新陆地卫星 TM 图像作为主要的信息源，在大兴安岭、秦岭、横断山脉一线以东选用 1：25 万比例尺，此线以西采用 1：50 万比例尺进行遥感图像判读、制图及数据库建立工作。

我国北方4省10年土地开发综合评价。1997—1998年，全国农业资源区划办公室组织有关单位，利用美国陆地卫星TM图像，对黑龙江、内蒙古、甘肃和新疆等4省区，监测了1986—1996年的土地开发利用状况，并结合有关资料进行了综合评价。结果显示，我国北方地区土地利用类型变化幅度较大，土地利用结构不合理；草地退化严重；土地荒漠化趋势加剧，农业生态环境变坏的趋势日益严重；耕地开垦有一定的盲目性，新开垦的耕地基础设施不足。这一结果得到了中央领导的重视，为严格禁止毁林开荒、毁草种粮提供了政策依据。

草地遥感监测和预警系统建设。该项目是农业部遥感应用中心于2000年设立并开始开展工作的一项重要项目。该项目旨在利用遥感技术、地理信息系统和全球定位系统等现代空间信息技术手段，建立技术先进、快速准确的中国草地退化和草畜动态平衡遥感监测系统。

2）农作物遥感估产方面

1989—1995年期间，先后进行了黄淮海平原遥感小麦估产，京津冀地区小麦遥感估产、华北六省冬小麦遥感估产、黑龙江省大豆及春小麦遥感估产、南方稻区水稻估产、棉花估产等研究。自1996年起，黄淮海平原冬小麦长势监测及产量估测转为业务化试验运行阶段，这一工作的开展为全国农作物长势监测和估产积累了经验和技术基础。1999年，在农业部发展计划司的直接领导和组织下，成立了农业部农业遥感应用中心。1999年以来，农业部遥感应用中心开展了全国冬小麦估产的业务化运行工作，取得了较好的效果，实现了全国冬小麦估产的业务化运行目标，并正在开展全国性玉米，水稻，棉花等大宗农作物遥感估产的业务化运行工作。

3）灾害遥感监测和损失评估

在自然灾害监测方面。开展了北方地区土地沙漠化监测、黄淮海平原盐碱地调查及监测、北方冬小麦旱情监测等工作，同时草原火灾、雪灾等监测系统也已投入运行。从1995年开始，利用NOAA卫星等资料进行了黄淮海平原地区旱灾监测的业务化运行工作，经过几年的努力，1999年在全国农业资源区划办公室的领导和组织下，旱灾监测也由仅限于监测黄淮海平原地区扩展到全国冬小麦主产区。从农业部门的实际应用来看：随着社会主义市场经济体制的建立，及时掌握农业资源状况和演变趋势，提出合理可持续利用的科学对策，是实现资源和生产力要素优化配置的重要手段，也是保证国民经济持续、稳定、协调发展的重要途径。同时，及时掌握主要农作物的播种面积、长势和产量，对于国家制定合理的农产品贸易政策具有重要意义。农业部门在未来对遥感技术有着多方面的要求。首先，为了实现全天候遥感探测，无论是有云、雨、雪的天气都能获得遥感信息。其次，由于农作物、其他生物、农事活动等多在小尺度空间生存活动，因此要求空间分辨率较高。农事活动，特别是农作物的生长和发育随时间变化较快，因此要求遥感的时间分辨率高，也就是说，要求经常获得遥感信息（每周或半个月获得一次信息）。最后，农业活动是在一定空间进行的，要求定点、定位、定量，以满足精准农业如精准灌溉、精准施肥、精准播种、精准防治病虫害等的需要，从而进一步充分发挥遥感技术的作用。在农业资源动态监测方面，将要求针对全国范围内的基本资源与生态环境状况，建立空间型信息系统，形成较短且每年动态更新一次的能力。同时，对于国家资源热点问题，如耕地动态变化等，每年提供一次专题报告和相应的资源环境辅助决策信息。在农作物长势监测和产量预报方面，将向着高精度、短周期、低成本方向进一步深入。

在灾害监测与评估方面。 将建成综合监测与评估业务化运行系统，使之具备定期发布灾情、随时监测评估洪涝灾害和重大自然灾害的应急反应能力。可以预料，21世纪初随着高中低轨道结合、大小微型卫星协同、高低精度分辨率互补的全球对地观测网的形成，地理信息产业的进一步成熟和空间定位精度的提高，遥感技术将在农业资源环境调查和动态监测、土地退化、节水农业、精准农业、农业可持续发展等方面发挥更加重要的作用。此外，遥感技术还将被广泛应用于全国主要农作物及牧草的遥感长势监测与估产、重大自然灾害监测和损失评估、遥感对象的识别和信息提取等方面。

第三节　计算机视觉应用技术

计算机视觉是一门研究如何使机器具备"看"的能力的科学。更进一步地说，它使用摄影机和电脑代替人眼，对目标进行识别、跟踪和测量等机器视觉任务，并进一步对图像进行处理，使电脑处理成为更适合人眼观察或传送给仪器检测。作为一个科学学科，计算机视觉研究相关的理论和技术，旨在建立能够从图像或者多维数据中获取信息的人工智能系统。这里所指的信息是由 Shannon 定义的，可以用来帮助做出"决定"的信息。由于感知可被看作从感官信号中提取信息的过程，因此计算机视觉也可以视为研究如何使人工系统从图像或多维数据中"感知"的科学。

口袋卡

计算机视觉形象地说就是给计算机安装上眼睛（照相机）和大脑（算法），让计算机能够感知环境。中国人的成语"眼见为实"和西方人常说的"One picture is worth ten thousand words"表达了视觉对人类的重要性。因此，不难想象，机器具备了视觉能力，其应用前景将会非常广阔。

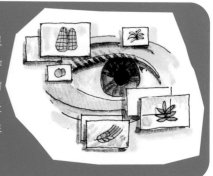

一、计算机视觉应用技术概况

（一）计算机视觉的基本概念

视觉是人类观察和认知世界的重要交互方式，人类所获取的信息约 75% 是通过视觉系统接收和处理得到的。通过眼睛这一视觉器官，人类可以捕捉到客观世界中场景所反射的光线，并在眼底视网膜上形成相应的物像，由感光细胞转换成神经脉冲信号，再经神经纤维传入大脑皮层的视觉中枢进行信号的解析、识别和处理。人类的视觉不仅帮助人们获得外界信息，还帮助人们加工和处理信息，即包括了对视觉信息的感知、传输、存储、处理与理解的全过程。随着传感技术、信号处理技术以及计算机硬件的发展，研究者们通过借助视觉传感器来捕获客观世界中场景的视觉信息，并利用计算机来实现对视觉信息处理的全过程，从而形成了计算机视觉这一新兴技术。

当前，计算机视觉相关理论与技术已是计算机科学研究与应用领域中一个富有挑战性和实用性的重要方向，且已成为人工智能领域的一个重要研究分支。计算机视觉能够模拟并有效扩展人眼的视觉功能，在一定程度上代替人眼完成烦琐复杂和难以完成的工作，且由于使用视频传感器获取视觉数据通常不带有侵入性或破坏性，应用计算机视觉

技术解决农业领域等客观世界各种具体问题具有非常重要的理论和现实意义。

（二）计算机视觉的相关学科

随着计算机软硬件技术的快速发展，以及对计算机视觉的深入研究，相关理论和技术也获得了突破性进展，并与许多学科如模式识别、人工智能和计算机图形学等都有着密切关系，也正是与这些相关的学科进行交叉融合，极大地促进了计算机视觉的发展。

1. 模式识别

模式是指具有相似性但又不完全相同的客观事物或现象所构成的类别，而识别是指从客观事实中自动建立符号描述或进行逻辑推理。模式包含的范围很广，视觉数据诸如图像就是模式的一种，对图像模式的识别正是计算机视觉领域占比很大的一个重要分支。此外，在计算机视觉领域的其他研究中，也同样使用了很多模式识别中的理论与方法；但由于视觉信息的复杂特性，模式识别并不能解决计算机视觉的全部任务。

2. 人工智能

人工智能主要是指利用计算机模拟、执行或再生某些与人类智能（语言、逻辑、空间、肢体运动、音乐、人际、内省、自然探索与存在智能）有关的功能的能力和技术。视觉功能是人类智能的一种具体体现，利用计算机实现人类的视觉功能即计算机视觉正是实现人工智能的一种途径。因此，计算机视觉可看作人工智能的一个重要研究分支，同时计算机视觉的研究过程中也同样使用了大量的人工智能技术。

3. 计算机图形学

计算机图形学通常研究如何根据给定的描述生成图像。而计算机视觉则是从视觉数据（如图像）中提取所需要的信息，因此通常人们将计算机图形学称为计算机视觉的逆问题。虽然与计算机视觉中很多不确定性相比，计算机图形学处理的问题更加确定，可以通过数学途径解决，但两者之间也存在很多交融和相互影响。

特别的，与计算机视觉紧密相关的还有图像处理、机器视觉等学科或技术。实际上，这些术语也常常被混用，它们所研究的内容在很多情况下也都是交叉重合的，在概念上和使用中并没有绝对的界限。一般认为，图像处理偏重解决计算机视觉底层或中层的研究内容，其通常是对图像进行变换、分析且得到的结果仍然是图像；而计算机视觉除了解决图像处理所要研究的内容外，还要从图像中抽取更加高层的信息，包括对客观世界中场景的三维结构、运动信息、语义信息等复杂信息的提取，以达到对客观场景的理解与认知，为实际应用提供指导和规划；机器视觉在很多情况下作为计算机视觉的同义词来使用，但一般来说，计算机视觉更侧重于对场景分析和图像解释的理论和算法的研究，而机器视觉则更关注于通过视觉传感器获取环境的视觉数据，构建具有视觉感知功能的系统，或者可以说，计算机视觉为机器视觉提供理论和算法基础，而机器视觉则是计算机视觉的工程实现，它们各有侧重但也互为补充。

除了以上相近学科外，从更广泛的领域来看，计算机视觉是要借助工程方法来解决一些生物固有的功能问题，因此它与生物学、生理学、心理学、神经学等学科也相互依赖、相互促进。计算机视觉研究在起源和发展阶段，均与视觉心理、生理研究等领域紧密结合。近年来，一部分研究人员还通过研究计算机视觉来探索人脑视觉的工作机制，如对视觉注意力机制、眼动追踪等的研究，以加深人们对人脑视觉机制的掌握和理解。此外，计算机视觉属于工程应用科学，与数字农业、工业自动化、视觉导航和机器人、安全 监控、生物医学、遥感测绘、智能交通和军事公安等也密不可分。一方面，计算机视觉的研究可以充分利用这些学科的成果；另一方面，通过在这些学科发展的过程中，引入并应用计算机视觉也极大地促进了这些学科的深入研究和发展。

二、计算机视觉应用技术基础

（一）视觉数据基础

1. 视觉数据类型

计算机视觉是通过对视觉传感设备采集到的客观世界的视觉数据进行加工、处理与分析来实现人类的视觉功能。因此，对视觉数据的了解是掌握计算机视觉技术的基础，农业应用场景中常见的视觉数据主要包括以下几种类型。

（1）图像数据。传统意义上的图像可看作对辐射（如光）强度模式的空间分布的一种表示，是将空间辐射强度模式进行投影得到的。考虑辐射波长的不同，有可见光图像、红外线图像、X 射线图像。

而从广义上来说，除了常见的反映辐射强度的图像，还有反映场景中景物与摄像机间距离信息的深度图像、反映景物表面纹理特性和纹理变化的纹理图像及反映景物对物质吸收值的投影小建图像（如常见的计算机断层扫描图像、磁共振图像、雷达图像等）。

在计算机视觉领域中，还有 3 种最为常见的图像数据，即二值图像、灰度图像、彩色图像。

（2）视频数据。相对于传统图像中成像内容具有静止的特性，通过在二维空间图像的基础上，增加一维时间维度，即形成时间上有一定顺序或间隔的，且内容上相关的一组图像序列或序列图像，即视频。

（3）点云数据。点云数据是客观场景的三维模型中最为常见也是最为基础的数据形式。深度图像经过坐标转换可以计算得到点云数据。同时，有规则和必要信息的点云数据也可以通过一定的算法反算为深度图像。

（4）光谱数据。光谱数据即在传统二维空间平面图像的基础上，增加了一维频谱维度的图像数据，即光谱图像。其包含多个频谱区间的一组图像，如多光谱图像和高光谱图像，遥感卫星影像数据多属于此类光谱图像。

2. 视觉传感设备

为了对上述视觉数据进行处理与分析，计算机视觉首要解决的就是通过视觉传感设备来对客观世界的场景进行捕获，以得到上述视觉数据。下面就农业视觉应用场景中较为常见的几种视觉传感设备类型进行简要介绍。

（1）可见光图像成像设备。可见光图像成像设备是最为常见的，也是常规意义上的视觉传感设备。

目前，常见的可见光图像成像设备包括用于监控的海康威视、大华、宇视等国内厂家推出的监控摄像机，以及用于精密测量的德国 Balser、德国 AVT、加拿大 DALSA、韩国 Vieworks，还有国内大恒图像等厂家推出的工业摄像机。

（2）深度 /RGB-D 图像成像设备。根据硬件实现方式的不同，深度 /RGB-D 图像成像设备采用的主流技术方案主要有：结构光技术、飞行时间测距法、多角度立体成像。

经典的结构光技术方案通常由 4 个部分组成：发射（TX）部分、接收（RX）部分、RGB 可见光图像传感器、专用数据处理芯片。根据光学投射器所投射的光束模式的不同，结构光模式又可分为点结构光模式、线结构光模式、多线结构光模式、面结构光模式、相位法等。

飞行时间测距法即通过光的飞行时间来计算距离。飞行时间测距法根据调制方法的不同，一般可以分为两种：脉冲调制和连续波调制。消费级的 TOF 深度相机主要有微软的 Kinect V2、MESA 的 SR4000 等。

多角度立体成像，其代表性产品有 STEROLABS 的 ZED Sterco Camera、Point Grey 的 BumbleBee 等。

深度 /RGB-D 成像对实现智能化的作物、畜禽的三维建模及生长状态监测具有重要的研究和应用价值。上述几种主流的深度成像技术方案的技术特性各异，可针对具体任务进行相应的设备选型，以满足不同应用场景下的任务需求。

（3）激光雷达点云成像设备。随着自动驾驶汽车及无人机技术的发展和普及，激光雷达在精准测量、识别和跟踪目标物方面的应用对于实现智慧交通和智慧农业具有非常重要的意义。因此，越来越多企业开始关注这一领域。当前，在车/机载激光雷达领域，以美国 Velodyn 技术最为成熟，产品种类最为丰富。同时，国外 Waymo、Quanergy 以及国内速腾聚创、禾赛科技、巨星科技、镭神智能、北科天绘、北醒光子等自主品牌也在积极布局，开发新技术与新产品，共同推动车载激光雷达进入小型化、低成本化时代。

（4）红外热成像设备。红外热像仪能够将物体发出的不可见红外能量转化为可见的热图像。热图像上面的不同颜色代表被测物体的不同温度。红外热成像设备以美国 FLIR 最具代表，而国内的高德红外和大立科技等也都开始推出自主产权的热成像产品。

（5）光谱成像设备。光谱成像设备是实现农产品品质与安全无损检测的重要途径。同时，其作为主要遥感装备通常还搭载在遥感卫星或无人机平台实现遥感观测，所获取的遥感光谱影像数据是利用计算机视觉技术进行病虫害监测、作物长势分析、土壤肥力监测等的主要基础数据。当前，光谱成像设备代表产品有挪威 HySpex、加拿大 Photon Etc、德国 Cubert 系列产品，国内双利合谱、中达瑞和等也相继推出多类型、多用途的国产光谱成像设备。

3. 图像存储

在计算机系统中，图像常以文件形式进行存储。图像文件即指包含图像数据的文件，文件内除图像数据本身以外，一般还有对图像的描述信息等，以方便读取和显示图像。图像数据文件的格式有很多种，常见的图像文件格式有：① BMP 格式。该格式是 Windows 操作系统中的一种标准图像文件格式，也称为位图文件，其文件包括位图文件头、位图信息、调色板和位图阵列（即图像数据）。② GIF 格式。该格式是一种公用的图像文件格式标准，其文件通常包括 7 个数据单元，即文件头、通用调色板、图像数据区和 4 个补充区。该格式类图像文件中图像数据均被压缩过。③ TIFF 格式。该格式是一种独立于操作系统和文件系统的格式，便于在不同系统或软件之间进行图像数据交换，其文件包括文件头、文件目录和文件目录项（即图像数据区）。④ JPEG 格式。该格式源自对静止灰度或彩色图像的一种压缩标准（即 JPEG 标准），在使用有损压缩方式时，可节省较大存储空间，是目前数码相机中常用的图像文件格式。⑤ PNG 格式。该格式是一种无损压缩的图像格式，其设计目的是试图替代 GIF 和 TIFF 文件格式，同时增加一些 GIF 文件格式所不具备的特性。

（二）图像增强

在获取图像的过程中，由于成像条件、运动等多种因素的影响，可能会导致图像质量的退化。为了便于后续对图像进行分析与理解，通常需要先对图像进行增强处理。图像增强的目的有两个：一是改善图像视觉效果，提高图像的清晰度；二是通过一系列处理方法有选择地突出当前应用场景下感兴趣的信息，抑制一些无用的信息，这样可以扩大图像中不同物体之间的差异，将图像转换成一种更适合计算机进行分析与处理的形式。

从作用域出发，图像增强通常可分为空域增强和频域增强。空域增强是指直接对图像像素进行操作；频域增强是指在图像的某种变换域内对图像的变换系数进行操作，再经过逆变换得到增强后的图像。

口袋卡

随着计算机技术的不断发展，图像处理技术的应用领域越来越广泛。例如，在军事应用中，图像处理技术可以增强红外图像，提取我方感兴趣的敌军目标。在医学应用中，图像处理技术可以增强 X 射线所拍摄的患者脑部、胸部图像，确定病症的准确位置。在空间应用中，图像处理技术可以对用太空照相机传来的月球图片进行增强处理，改善图像的质量。在农业应用中，图像处理技术可以增强遥感图像，了解农作物的分布。在交通应用中，图像处理技术可以对大雾天气图像进行增强，加强车牌、路标等重要信息的识别。在数码相机中，图像处理技术可以增强彩色图像，减少光线不均、颜色失真等造成的图像退化现象。

1. 空域增强

灰度变换。灰度变换又称灰度映射，是计算机视觉底层处理中的一种典型的点运算，即针对图像中独立的像素点进行处理。点运算输出的结果图像中每个像素的值仅由相应位置上输入像素的值来决定。灰度变换通过调整原始图像数据的灰度分布范围，来改变原始图像的视觉效果，使图像变得更加清晰，特征更加明显。

（1）直方图修正。直方图是对图像像素灰度分布进行的一种统计表达方式，通过借助对图像直方图的修改和变换，以实现图像像素灰度分布的改变，从而达到图像增强的目的。

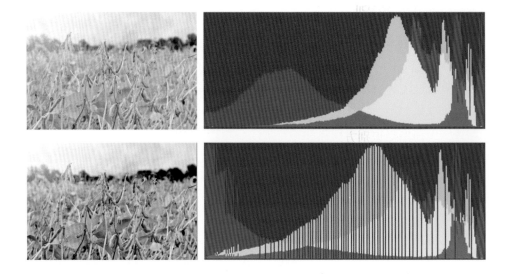

（2）图像滤波。图像滤波即在尽量保留图像细节特征的条件下对目标图像的噪声进行抑制，是图像预处理中不可缺少的操作，其处理效果的好坏将直接影响到后续图像处理和分析的有效性和可靠性。图像滤波不能损坏图像特征及边缘，且图像视觉效果应当更好。

2.频域增强

频域增强是利用图像变换方法将原来的图像空间中的图像以某种形式转换到其他空间中，然后利用该空间的特有性质方便地进行图像处理，最后再转换回原来的图像空间中，从而得到处理后的图像。

（三）边缘检测

边缘是指图像中灰度发生剧烈变化的像素集合，常见的灰度变化主要有阶跃型、屋脊型、屋顶型。由于客观场景中物体位置的不同、物体表面的不连续、物体材料不同以及场景中光照不同等原因，它会在目标与背景、目标与目标、区域与区域之间产生灰度变化，形成图像的边缘。

边缘检测和区域划分是图像分割的两种不同的方法，二者具有相互补充的特点。在边缘检测中，我们主要是提取图像中不连续部分的特征，并根据闭合的边缘确定区域。而在区域划分中，则把图像分割成特征相同的区域，这样，区域之间的边界就是边缘。由于边缘检测方法不需要将图像逐个像素地分割，因此更适合在大图像上进行应用。

（四）图像识别

图像识别是计算机视觉领域中解决高层视觉任务的重要方法，该类方法通常是针对整幅图像或已检测出的待识别区域进行特征提取与处理，进而利用样本特征向量训练分类器模型，实现对图像的识别。随着深度学习和卷积神经网络的快速发展，在大部分应用场景下，尽管传统的图像识别方法已逐渐被当前流行的端到端方式的图像识别方法所代替，然而，对传统图像识别方法的了解，对理解端到端方式的图像识别仍然是十分有必要的。

口袋卡

图像识别是人工智能的一个重要领域。为了编制模拟人类图像识别活动的计算机程序，人们提出了不同的图像识别模型。例如模板匹配模型。这种模型认为，识别某个图像，必须在过去的经验中有这个图像的记忆模式，又叫模板。当前的刺激如果能与大脑中的模板相匹配，这个图像也就被识别了。例如有一个字母 A，如果在脑中有个 A 模板，字母 A 的大小、方位、形状都与这个 A 模板完全一致，字母 A 就被识别了。

数字图像处理与识别的研究始于 1965 年。数字图像与模拟图像相比具有存储方便、传输速度快、可压缩、传输过程中不易失真以及处理方便等巨大优势。这些优势都为图像识别技术的发展提供了强大的动力。物体识别主要指的是对三维世界的客体及环境的感知和认识，属于高级的计算机视觉范畴。它是以数字图像处理与识别为基础的结合人工智能、系统学等学科的研究方向，其研究成果被广泛应用在各种工业及探测机器人上。

（1）农作物病害检测。农作物病虫害是影响农业生产的重要因素，而对病虫害的诊断则是科学防治农作物病虫害的基础。将图像技术应用于农作物病虫害诊断中，不仅可以对农作物病虫害进行准确识别，还能根据病虫害的类型进行有效分类，从而为科学防治提供依据。图像识别技术可以在农作物病虫害诊断中发挥重要作用，主要包括以下三个方面：一是将农作物病虫害与正常植物图像进行对比，从而判断病害类型；二是对作物健康情况进行识别，从而判断其健康程度；三是对植物健康情况进行分类，从而判断其是否需要采取相应的防治措施。

（2）土壤分析和作物管理。通过无人机、传感器和实时监测设备获取的土壤和农作物生长信息图像，可以帮助农民和农业工作者及时了解作物的生长情况，并对土壤、气候和环境等因素进行监测分析，进而制定出更科学、更有效的农业生产策略。通过作物信息获取，农民可以增加作物产量、提高作物质量、减少成本，并促进农业的现代化进程。

（3）农产品质量检测。随着社会经济水平的不断提高，人们对农产品质量的要求也越来越高，因此，农产品质量检测领域成为关注的焦点。传统的农产品检测主要依靠人工完成，不仅费时费力，而且很难保证检测结果的准确性。然而，随着计算图像识别技术的出现，越来越多的农产品质量检测项目开始由人工检测向自动检测发展。例如，在对大豆进行质量检测时，传统方法通常需要手工取样、称重、拍照等多个环节才能完成。而利用计算机图像技术，可以大大降低人工作业强度，同时还能确保大豆质量检测的准确性。

（4）农机作业监测。图像技术在农业机械作业监测方面也具有重要的应用价值。基于计算机视觉的农机作业监测系统具有非接触式测量、实时快速、检测精度高等特点，能够有效降低作业成本，提高工作效率，同时还能保证作业质量。具体来说，农机作业监测系统主要包括两个部分：一是通过图像识别技术获取农机当前位置及方向信息；二是通过传感器获取作业质量信息。

三、计算机视觉技术在农业中的应用

随着计算机视觉研究的不断深入和发展，相关技术在农业中的应用也得到了广泛的关注，并取得了很大的进展。本书重点从农作物生长态势监测、农作物病虫害检测与识别、农产品质量检测与分级三个方面，简要阐述计算机视觉技术在农业中的应用现状。

（一）农作物生长态势监测

对农作物生长态势进行监测是发展现代农业急需解决的关键问题之一，用数字化指标体系表征农作物生长态势更是实施国家"数字乡村"振兴战略的重要内容。利用计算机视觉技术对农作物生长态势进行监测，可通过光谱成像、可见光成像、三维立体成像等方式捕获农作物生长影像数据，进而提取与农作物长势相关的物理量，如植株高度、营养状态、水分含量和叶面积等信息，并根据这些物理量定义出与农作物生长发育相关的特征，从而实现对农作物长势的数字化表征和监测。常用的监测和解析作物生长信息的视觉传感器有光谱成像仪、数码相机、热成像仪、激光雷达。

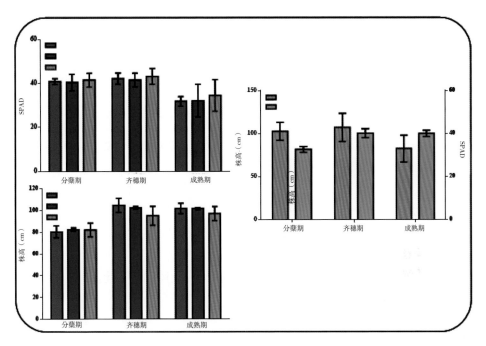

不同生育时期水稻叶绿素含量和株高的变化

利用无人机搭载相关成像设备获取农作物图像数据来构建数字高程模型等，是现代农业中的一种常见做法。通过这样的方法，可以快速实现作物株高、叶色、倒伏、花穗数目和冠层覆盖度等形态指标的获取。其中，株高作为作物典型的形态指标，是植株基部至主茎顶部的长度，这一指标能够在一定程度上反映作物的生长状态和潜在产量。为了精确提取作物株高，德国科隆大学 Benbig 等利用无人机搭载数码相机快速获取大面积作物的可见光成像数据，通过构建作物表面模型，他们成功地实现了作物株高的精确提取。

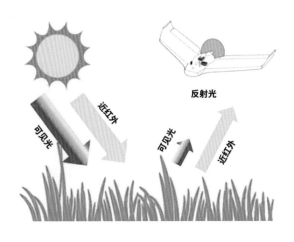

　　黑龙江省农业科学院农业遥感与信息研究所科研团队利用图像识别技术对于耐盐碱水稻的生长情况进行监测，在获取水稻群体图像后，通过获取标的区域内的测量群体叶面积，计算获取耐盐碱相关性状指标评价数据。接着他们对冠层叶面积指数数据及测量群体叶面积数据进行数学拟合，并根据数学关系模型计算水稻群体图像的真实叶面积指数。随后他们建立了判断模型，计算水稻群体图像的真实叶面积指数数据与水稻耐盐碱相关性状指标评价数据之间的皮尔逊相关系数，最后，根据计算结果，他们对水稻群体图像的真实叶面积指数与水稻耐盐碱相关性状指标数据之间的相关性进行了判断，从而对耐盐碱水稻的长势情况进行监测。

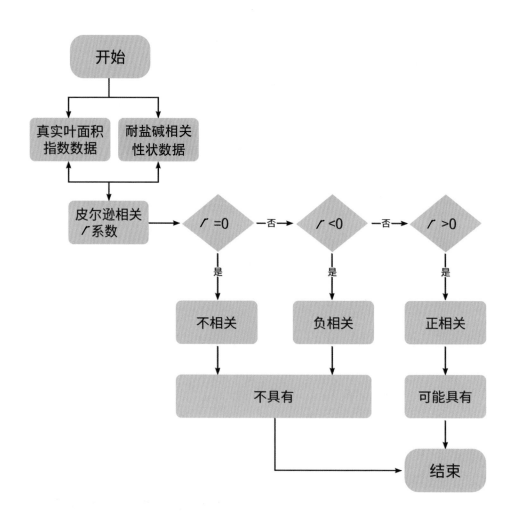

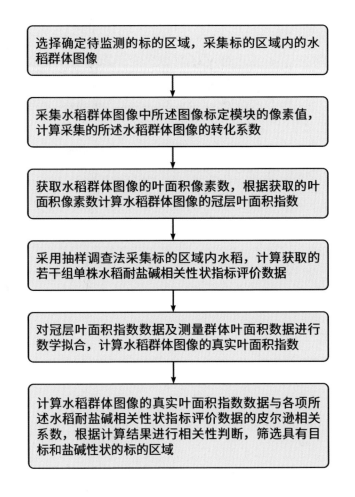

（二）农作物病虫害检测与识别

农作物病虫害具有显著的视觉特性，因此计算机视觉技术被广泛应用于病虫害检测和识别领域。传统上病虫害的防治多采用大规模喷洒药物的方式，这容易造成农业资源的浪费和环境的污染。然而，通过计算机视觉技术对病虫害发生区域、类型和程度进行自动诊断，可以实现精准高效的病虫害防治，也是发展绿色可持续的精确农业的关键。

2018 年，中国农业机械化科学研究院李亚硕等提出了一种田间飞行害虫的自动检测方法。该方法通过图像颜色空间转换至 HSV（色调、饱和度、明度）颜色空间后，采用 OTSU 自适应阈值分割方法对害虫区域进行分割，经过膨胀腐蚀处理后利用分水岭算法去除粘连，最后统计联通区域数目来确定害虫数目。试验结果表明，该方法的害虫识别准确率在 85% 以上，相关检测结果如图所示。

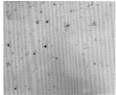
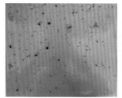

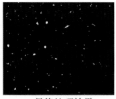

a. 原始采集图像　　　b. 预处理后的图像　　　c. 分割出的个体图像　　　d. 最终处理效果

田间飞行害虫检测结果

三、农产品质量检测与分级

对农产品进行无损的质量检测与分级是提高农产品市场竞争力的重要途径。传统农产品质量检测与分级多以人工检测的方式进行，既耗时耗力也易受检测人员经验水平的影响，检测分级效率低，易对被检测农产品造成损害。利用计算机视觉技术，通过对待检测农产品的尺寸、颜色、形状、损伤程度等外部品质以及内部品质进行非接触式评估，可以实现农产品损伤质量检测与分级。在提高检测分级效率与质量的同时，促进农业生产的智能化升级。

第四节　农业大数据应用技术

随着时代的发展和科技的进步，农业已经逐渐向数字化和信息化转型。尤其在近几年，农业大数据技术的应用和创新取得了非常显著的成就，并且越来越多的人开始意识到这一点。本节就农业大数据技术的应用和创新进行概括和阐述。

口袋卡

大数据（big data）是指用一定的方法把大量的数据汇总起来，挖掘出隐藏在数据背后的信息，并应用到各个领域中，从而产生价值。其战略意义不在于掌握庞大的数据信息，而在于对这些数据进行专业化的处理和分析。换言之，如果把大数据比作一种产业，那么这种产业实现盈利的关键在于提高对数据的"加工能力"，通过"加工"实现数据的"增值"。

大数据

一、农业大数据概述

（一）农业大数据的概念

我国是农业大国，耕地面积大、农业劳动人口多、农业经营方式多样，因此，我国具有丰富的农业数据资源优势。但目前来看，大数据在农业上的应用效果不够显著，这主要与农业生产环境复杂、数据采集的难度大、缺乏统一的数据标准等因素有关，使得农业大数据的发展步伐较慢。尽管如此，农业数据资源依然蕴藏着巨大的利用价值。通过借鉴大数据的相关理论和技术，无疑可从海量的农业数据中提取出潜在有用的信息，例如，通过"天空地"一体化监测指导农业生产、绘制农户"画像"辅助精准帮扶、构建"产业发展一张图"推进农业产业链延伸等。因此，大数据与农业的深度融合可以为农业生产、农业科研、政府决策、涉农企业发展等提供新方法、新路径、新动能。

以农民从事农业生产为例，在农业生产过程中，农民面临着许多共同的问题，如播什么种、施什么肥、病虫害如何防治、何时采收、如何卖上好价钱等。这些问题涉及产前规划、产中管理和产后流通环节中的关键决策。从某种意义上讲，一个好的农事决策受天时、地利、人和因素的综合影响。通过掌握实时的降水、温度、风力、湿度等"天时"数据，以及土壤水分、土壤温度、作物品种、作物病虫害等"地利"数据，还有农资产品使用、农产品加工和流通渠道、农产品市场价格等"人和"数据，加之合理的数据融合与分析手段，上述问题就可基本得到解决。

在物联网、大数据、云计算、人工智能等现代信息技术高速发展的今天，农业的生产、流通、消费以及管理方式等均随之发生了巨大的变化。传统农业正在逐步向智慧农业转型升级，各类传感器实时采集农田、大棚、畜舍的环境数据，大量农业生产经营主体、各类企业、各级政府部门既是数据的使用者，也是数据的制造者，覆盖全产业链的农业数据爆炸式增长，农业大数据为农业生产经营的决策提供了充分依据。

农业大数据

农业大数据是以农业产业链中产生的海量数据为基础，运用大数据的理念、技术和方法，解决农业或涉农领域数据的采集、存储、计算与应用等一系列问题，从而获取有价值的信息、规律，最终指导涉农行业生产经营过程，是大数据理论和技术在农业领域的应用和 实践。

（二）农业大数据的特征

农业是一个具有地域性、周期性和季节性的基础产业，且现代农业又涉及与其他产业的融合，因此农业大数据除了具备大数据的基本特征外，还具有自身的一些特点，主要表现为涵盖面广、数据链长、复杂度高、采集困难等。

1. 涵盖面广

从地域来看，农业大数据不仅包括全国层面数据，还涵盖省、市数据，甚至会细化到地市级和基层部门的数据，部分还借鉴国际农业数据作为有效参考。

从影响因素来看，农业大数据涵盖农业生产过程的全要素，可包括：

（1）社会、经济、政策、成本、价格、供求关系、国际贸易等宏观要素。

（2）种子、化肥、农药、农膜等投入要素。

（3）气候、气象、地理环境、小区域气候、土壤等环境要素。

（4）农事规划、农事操作、操作与农时/作物生长周期的配合、农机与农具的搭配及操作的时间、数量、质量、效果等操作要素。

（5）规模、效率、投入、产出、成本、效益、人均劳动生产率等管理要素。

2. 数据链长

现代农业的产业链不仅包括农产品的生产、加工、流通、储藏、销售及物流配送等主要环节，还涉及向农资供应、农业植保、屠宰加工、金融保险等上下游产业的延伸，对应产生了涉及农业全产业链的相关数据，例如：

（1）作物、品种、投入、生产、产出、销售、加工、损耗、成本、效益、投入产出比、资金周转率、仓储、物流、库存、损耗等产业大数据。

（2）消费群体、消费水平、地域、渠道、年龄、偏好、品类、数量、频次、时段、价格敏感度、支付方式、重复购买率、品牌忠诚度等消费大数据。

（3）融资、信贷、数量、比例、期限、利率、还款方式、保险、期货、收入、效益等金融大数据。

3. 复杂度高

农业大数据所涵盖的主体包括农、林、牧、水产、兽医、园艺、土壤等整个农业科学领域，其中涉及动物、植物、微生物、生态、食品、各级生产经营主体及生产经营活动等数据对象。它们来源于农业产业链的各个环节，数据生产者本身具有复杂性。

同时，农业大数据的获取可通过传感器、移动端、主流媒体、卫星遥感、无人机等多种方式，产生文本、图形、图像、视频、音频、文档等结构化、半结构化和非结构化数据。因此，数据必然是混杂、多样的，这无疑增加了农业大数据的融合、处理和分析难度。

4. 采集困难

美国、法国、加拿大等国家的农业基本生产单元是农场，以加拿大为例，其农场的规模通常在 300 公顷以上。在中国，尽管政府大力鼓励家庭农场、农业合作社、龙头企业等新型生产经营主体的发展，但目前主要的农业生产单元依然是较小的个体农户，虽然耕地面积大，但人均耕地少、土地分散，这不利于农业数据的采集和应用。

从数据采集手段看，使用卫星遥感、无人机等技术数据采集和分析具有一定的门槛并且成本较高。虽然中国已具备一批覆盖面广、分辨率高、重访周期短的卫星影像，可运用于农作物面积提取、长势分析、病虫害防治等研究中，但仍需要结合实际应用，根据空间分辨率、光谱分辨率、时间分辨率、辐射分辨率等具体参数来选择使用不同的卫星数据。

另外，农业生产过程的主体是生物，其易受外界环境和人的管理等因素影响，存在多样性和变异性、个体与群体的差异性等特点，增加了数据的采集难度。

二、农业大数据获取技术

农业大数据获取是指通过射频识别技术、传感器技术、交互型社交网络以及移动互联网等手段将多类型海量农业要素数字化并进行有效采集、传输的过程。从目前发展情况来看，农业大数据的来源及其获取技术主要包括农业物联网数据、农业遥感和无人机数据、农业网络数据、科研及农户生产经验数据 4 种。

（一）农业物联网数据

农业物联网数据是指通过各种类型的传感器、视频监控、无线通信、自动控制系统等技术采集到的数据，涵盖农作物生长环境、农作物生长历程、农产品生产流通等农业生产经营的各个方面。

农作物生长环境数据是指对与动植物生长密切相关的大气温湿度、土壤温湿度、二氧化碳含量、营养元素含量、太阳辐射、日照时数、可降水量、气压等数据进行动态监测、采集获取的数据。这些数据主要依赖于农业物联网部署的智能传感器进行获取。

农作物生长历程数据是指对动、植物生长过程中的生长、发育、活动规律以及生物病虫害等数据进行感知、记录获取的数据。例如，检测植物中的氮元素含量、植物花粉传播、病虫侵袭，测量动物体温、运动轨迹等。

农产品生产流通数据是指对农产品生产环节中的成本、质量、产量、化肥农药使用情况等，流通环节中的交通运输承载力、仓储库存、进出口总量等，销售环节中的市场价格、市场需求、销售去向、用户喜好等进行动态采集获取的数据。

随着多学科的交叉综合，新一代传感器技术，如仿生传感器、电化学传感器等以及光谱分析仪、多光谱、高光谱、热红外等信号探测方法，都被广泛应用于农业物联网系统中。此外，人工智能识别等前沿科技也得到了应用。同时，随着诸如手机、笔记本电脑、平板电脑等移动终端的普及，物联网数据采集越来越频繁，数据量越来越大，图片、视频等非格式化数据量激增，对后续数据处理和计算能力提出了更高的要求。

（二）农业遥感和无人机数据

农业遥感和无人机数据是指通过卫星遥感监测、地面无人机航拍等手段获取对地面农业目标进行大范围、长时间或实时监测的影像数据，以及经过遥感技术处理后得到的二次产品数据。

遥感技术获取数据范围大、速度快、周期短、信息量大，能够客观、准确、及时地反映作物生长态势。目前，农业遥感技术已广泛应用于农用地资源的监测与保护、农作物大面积估产与长势监测、农业气象灾害监测、作物模拟模型等方面。

随着高分辨率、高光谱遥感技术的发展和应用，农业遥感数据获取的精度逐渐提高，数据量急剧增加，数据格式也越来越复杂。

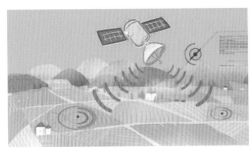

（三）农业网络数据

农业网络数据是指利用网络爬虫技术对涉农网站、论坛、微博、博客等社交媒体进行动态监测、定向采集获得的数据。

随着网络直播、短视频、客户端等社交网络的流行，许多农户、农场主也参与其中，利用网络平台对农产品宣传和销售。因此，农业网络数据是在互联网层、移动社交层对农业各方面的客观反映，其具有规模大、实时动态变化、异构性、分散性、数据涌现等特点。

农业网络数据的获取通常采用网络爬虫技术，可通过网络爬虫建立移动的规则，采用广度优先或深度优先的策略对数据源进行定向跟踪、对获取的数据进行归类整理。网络爬虫的基本流程如下：

（1）先在 Url 队列中写入一个或多个目标链接作为爬虫爬取信息的起点。

（2）爬虫从 Url 队列中读取链接，并访问该网站。

（3）从该网站爬取内容。

（4）从网页内容中抽取出目标数据和所有 Url 链接。

（5）从数据库中读取已经抓取过内容的网页地址。

（6）过滤 Url，将当前队列中 Url 的和已经抓取过的 Url 进行比较。

（7）如果该网页地址没有被抓取过，则将该地址 (Spider Url) 写入数据库，并访问该网站；如果该地址已经被抓取过，则放弃对这个地址的抓取操作。

（8）获取该地址的网页内容，并抽取出所需属性的内容值。

（9）将抽取的网页内容写入数据库，并将抓取到的新链接加入 Url 队列。

（四）科研及农户生产经验数据

科研及农户生产经验数据是由涉农领域科研院所、高校、科学家个人等从事农业科学研究产生的相关结果，或者是农户在长期农业生活中积累的有关作物育种、精耕细作、作物增产、农业气象等方面的经验。

目前，各级政府部门正在加强建设科学数据共享中心，组织国家科研项目交汇工作、推动科学数据共享利用。在农业领域，已形成专业的数据平台，例如国家农业科学数据中心、智慧农业大数据平台、农业科技信息资源共建共享平台等。

三、农业大数据存储与管理技术

农业大数据包括结构化、半结构化和非结构化数据三种，其中结构化农业数据是专业化、系统化的农业领域数据，可存储在数据库中进行统一管理；半结构化和非结构化农业数据是数据结构不规则或不完整、没有预定义的数据模型、难以用数据库二维逻辑表来表现的数据，包括文档、文本、图片、XML、HTML、各类报表、图像、音频、视频信息以及农户经验等。

农业大数据存储与管理是利用关系型数据库、分布式文件系统、NoSQL 数据库、NewSQL 数据库等，实现对结构化、半结构化和非结构化海量农业数据的存储和管理。

（一）分布式文件系统

相对于传统的本地文件系统而言，分布式文件系统是把文件分布存储到多个计算机节点上，成千上万的计算机节点构成计算机集群，并通过网络实现文件在多台主机上的分布式存储。如图所示。

1.HDFS 体系结构

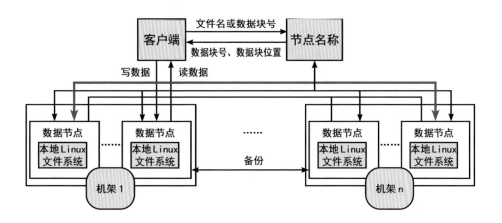

2.HDFS 存储原理

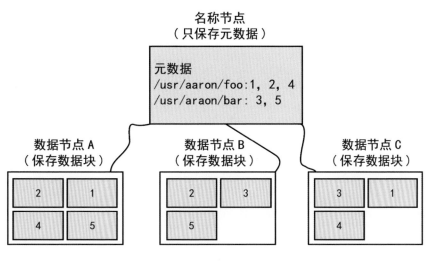

HDFS 数据块多副本存储

（二）NoSQL 数据库

NoSQL 是一种不同于关系数据库的数据库管理系统设计方式，是对非关系型数据库的统称。

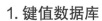

1. 键值数据库

相关产品	Redis、Riak、SimpleDB、Chordlese、Scalarie、Memcached
数据模型	键/值对（键是一个字符行串对象；值可以是任意类型的数据，如整型、字符型、数组、列表、集合等）
典型应用	涉区频繁读写、拥有简单数据模型的应用； 内容缓存，如会话、配置文件、参数、购物车等； 存储配置和用户数据信息的移动应用
优点	扩展性好，灵活性好，大量写操作时性能高
缺点	无法存储结构化信息，条件查询效率较低
不适用情形	不是通过键而是通过值来查询：键值数据库根本没有通过值查询的途径； 需要存储数据之间的关系：在键值数据库中，不能通过两个或两个以上的键来关联数据； 需要事务的支持：在一些键值数据库中，产生故障时，不支持回滚操作
使用者	百度云数据库(Redis)、GitHub（Riak）、BestBuy（Riak）、Twitter（Redis 和 Memcached）、Stack Overflow（Redis）、Instagram（Redis）、YouTube（Memcached）、Wikipedia（Memcached）

2. 列族数据库

相关产品	BigTable、HBase、Cassandra、HadoopDB、GreenPlum、PNUTS
数据模型	列族
典型应用	分布式数据存储与管理； 数据在地理上分布于多个数据中心的应用程序； 可以容忍副本中存在短期不一致情况的应用程序； 拥有动态字段的应用程序； 拥有潜在大量数据的应用程序，大到几百太字节的数据
优点	查找速度快，可扩展性强，容易进行分布式扩展，复杂性低
缺点	功能较少，大都不支持强事务一致性
不适用情形	需要 ACID 事务支持的情形，Cassandra 等产品不适用
使用者	Ebay（Cassandra）、Instagrar（Cassandra）、NASA（Cassandra）、Twitler（Cassandra and HBase）、Face-book（HBase）、Yahoo! (HBase)

3. 文档数据库

相关产品	MongoDB、CouchDB、Terrastore、ThruDB、RavenDB、SisoDB、RaptorDB、CloudKit、Perservere、Jack-rabbit
数据模型	键/值（值是版本化的文档）
典型应用	存储、索引并管理面向文档的数据或者类似的半结构化数据，如用于后台具有大量读写操作的网站、使用JSON数据结构的应用、使用嵌套结构等非规范化数据的应用程序
优点	性能好（高并发），灵活性高，复杂性低，数据结构灵活； 提供嵌入式文档功能，将经常查询的数据存储在同一个文档中； 既可以根据键来构建索引，也可以根据文档内容构建索引
缺点	缺乏统一的查询语法
不适用情形	在不同的文档上添加事务，文档数据库并不支持文档间的事务，如果对这方面有需求则不应该选用这个解决方案
使用者	百度云数据库(MongoDB)、SAP（MongoDB）、Codecademy（MongoDB）、Foursquare（MongoDB）、NBC News（RavenDB）

4.图数据库

相关产品	Neo4J、OrientDB、InfoGrid、Infinite Graph、GraphDB
数据模型	图结构
典型应用	专门用于处理具有高度相互关联关系的数据，比较适合社交网络、模式识别、依赖分析、推荐系统以及路径寻找等问题
优点	灵活性高，支持复杂的图形算法，可用于构建复杂的关系图谱
缺点	复杂性高，只能支持一定的数据规模
使用者	Adobe (Neo4J)、Cisco (Neo4J)、T-Mobile (Neo4J)

（三）农业大数据处理技术

农业大数据既包括农业、农村、农民的调查统计静态数据，如农村人口数据、国内外贸易数据、土地利用情况数据等，也包括通过各种设施、设备、软件和系统实时获取的动态数据（流数据），如生产过程中通过传感器和视频监控设备获取的数据、气象监测数据、作物生长数据等。对静态数据和流数据的处理，对应着两种截然不同的计算模式，即批量计算和实时计算。

批量计算是一种以静态数据为对象，可以在很充裕的时间内对海量数据进行批量处理，从而获得有价值信息的计算方法。

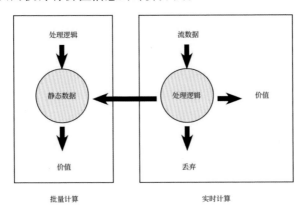

批量计算和实时计算处理模型

（四）农业大数据分析和挖掘技术

农业大数据分析和挖掘是利用分布式并行编程模型和计算框架，结合统计数据分析、数据挖掘等手段，处理和分析大量的原始数据以及经过初步处理的数据，以提取隐藏在一系列混乱数据中的有用数据，并识别其中的内在规律，从而实现数据价值最大化的过程。

1. 统计数据分析

常用的统计数据分析方法包括对比分析法、分组分析法、结构分析法、平均分析法、交叉分析法、综合评价法、漏斗图分析法、相关分析与回归分析、时间序列预测等。

2. 聚类分析

聚类分析是一个把数据对象划分成子集（簇）的过程。同一个簇中的对象有很大的相似性，而不同簇间的对象有很大的相异性，由聚类分析产生的簇的集合称作一个聚类。

聚类分析为无监督学习，因为没有提供类标号信息，可用于数据集内事先未知的群组的发现，广泛应用于图像识别、欺诈检测、客户关系发现等领域。

在相同的数据集上，不同的聚类方法可能产生不同的聚类。常用的聚类方法包括基于划分的方法、基于层次的方法和基于密度的方法等。

第五节　智能农机与装备技术

农业机械及其装备是提升农业生产效率、实现农业机械化的重要工具，对实现我国农业现代化发展、加快农业生产方式转型升级、促进农业增产增效具有十分重要的作用。随着物联网、人工智能、导航定位、移动互联、云计算和大数据等前沿技术的发展，给农机及其装备的智能化带来了新的机遇。为了满足我国现代农业集约化、规模化生产模式的需要，推动农机及其装备的自动化、智能化升级已经成为我国农业发展的必然趋势。

一、智能农机的发展及特点

智能农机在降低农业劳作人员劳动强度、改善农业作业劳动环境、提升农业作业效率以及提高资源利用率等方面具有重要意义。本节将重点从智能农机的基本概念、发展历程及其作业特点，对近年来智能农机的发展现状进行简要介绍。

1. 智能农机的概念

智能农机是指具备智能控制系统的现代化农业机械，通过将农机技术与先进的通信、智能检测与控制等技术相结合，利用传感器与检测装置获取农机装备参数、生产作业数据和作业环境数据，并借助机载计算单元或云端服务器对这些数据进行智能计算与分析，进而生成指令来控制农机进行自动化与精准化作业，以实现农业生产与管理的智能化。

通常来说，智能农机主要由信息采集系统、决策判断系统和执行机构系统3部分组成，即数据信息采集系统负责信息数据的采集，决策判断系统负责对采集的信息数据进行判断分析，执行机构系统负责农机操作执行。智能农机由于主要依靠客观数据来做出决策和执行作业，因而是实现规模化的精确农业生产的重要工具。

运用智能农机进行农业生产时，一方面，通过机器代替人的主观判断和不同操作水平，可以避免作业差异，使农业生产按照标准化的生产规范进行作业成为可能，从而有效提高农业生产效率和机械化水平。另一方面，智能农机能够极大降低农机操作人员的工作强度，避免因疲劳作业而带来的作业失误等问题，同时，也有助于减少对农业资源的浪费。

2. 智能农机的发展历程

20世纪中后期，美国开始在农业机械上安装并应用卫星导航系统，自此开启了农业机械智能化的进程。经过半个多世纪的发展，美国、日本以及欧洲等农业自动化水平较高的国家已全面实现了农业机械化，并在农业机械的智能化研发与应用方面取得了较大进展。

早期的农机智能化主要集中在实现农业动力机械的自主导航驾驶。例如，美国伊利诺伊大学、斯坦福大学、俄亥俄大学等机构利用GPS和RTK等技术，研发了适用于拖拉机的转向控制系统，使农机实现了自主导航功能。这些技术的运用使得农机的直线跟踪的横向偏差可以控制在厘米级。此外，约翰迪尔技术研究中心则在应用GPS的基础上，融合机器视觉技术，以躲避障碍物并实现更加智能化的自动驾驶。欧洲的法国雷诺农机、丹麦丹佛斯公司、德国霍恩海姆大学等机构，以及日本东京大学和北海道大学等也都借助导航定位和机器视觉技术实现农机自主导航，并根据规划的路径开展作业。

在智能化动力机械的基础上，相关研究机构和企业在农业作业机械领域，包括播种机、施肥机以及整地机等领域也同样开展了智能化的研究和应用。例如，通过在联合收割机中装备各种传感器和在收获粮食作物的同时实时测出作物的含水量与小区产量等数据，形成作物产量图。在智能播种机方面，可以根据播种期田块土壤墒情、生产能力等条件变化，精确调控播种机械的播种量、开沟深度、施肥量等作业参数。

借助传感器、物联网以及智能控制等新兴技术，欧美等发达国家已经将总线技术集成到各类信息采集传感器、导航定位、控制单元和人机交互的终端设备中，成功开发出了智能化的拖拉机和作业机械。这些智能化农机装备具有电子控制单元和作业环境与作业过程监测功能，成为农业工程领域应用与研究的热点。特别是智能驾驶系统、远程状态监测与故障诊断系统、转向变速集成控制系统等已成为农机装备智能化的主要发展趋势。近年来，欧美的约翰迪尔、凯斯、纽荷兰、爱科、道依茨法尔、克拉斯、芬特，日本的洋马、久保田，以及韩国的大同、东洋、乐星等公司相继开发出多款商用的且符合《农林拖拉机和机械 串行控制和通信数据网络》（ISO 11783）国际标准的具有智能化控制的农用机械产品，用于精准化的收割与播种等作业。

随着航空技术的不断发展，以农用航空器为近地飞行平台搭载对地观测传感器或者植保作业等装备进行低空农用作业，能够实现高效环保、精准化的植保作业，同时还可以对农田信息、病虫害、灌溉情况及农作物长势情况进行监测。因此，农用航空器也成为世界各国研究农机智能化的重点方向之一。日本是最早使用微小型无人机进行农业生产的国家之一。在 20 世纪末，日本 YAMAHA 公司即研发生产了农用喷粉无人机，相关机型以无人直升机为主。韩国于 21 世纪初也引进农用无人直升机开展农业航空植保作业。美国、加拿大、澳大利亚、巴西等国由于人均耕地面积较大、地块平坦规整，农用植保作业常以大载荷有人驾驶固定翼飞机为主。利用农用航空器进行农情监测与精准施药相关研究也得到了迅速发展。例如，美国农业部大面积病虫害管理研究中心利用机载多光谱相机获取棉花的航空遥感图像，通过分析处理得到棉花的生长状况，并以此为基础对棉花进行精准喷施。日本北海道大学基于无人直升机遥感平台对农作物生长状况进行监测，基于监测结果获得水稻的营养状态，实现水稻田间的精准管理。巴西联邦大学则利用多架无人机协同作业进行农田信息监测等。

此外，工业控制和机器视觉技术的发展也使得机器人装备与技术被引入农业生产中，进一步推进农机装备的智能化进程，农业机器人的研发也逐渐受到国内外研究机构和企业的关注。自 20 世纪八九十年代，美国、日本、荷兰、英国、法国、西班牙、比利时等国家开始跟进农业机器人的研究工作，先后研发出具备除草、移栽、嫁接、分选和采摘等功能的农业机器人，部分产品已进入实用化阶段。2004年，美国研制出一台番茄采摘机器人。该机器人可以把带有枝叶的番茄枝干割倒后输送到分选仓，仓内设置光谱分选装置对番茄进行挑选。日本农业机器人的研究同样开始较早，成果也较为显著，近年来相继研发了番茄、葡萄、黄瓜、草莓、甘蓝、茄子、西瓜等多种果蔬采摘机器人。

国内虽然在智能农机领域起步较国外晚，但近年来也取得了一定的进展，一些智能化农机装备相继得到研发，并开始在实际农业生产过程中进行应用，较快地推进了我国农机智能化进程。在农机自动驾驶与导航领域，华南农业大学开发了基于的农机自动导航控制系统，并结合农机运动学模型与转向操控模型，实现农机的自主导航作业。中国农业大学研制了基于RTK-GPS总线控制的自动导航农用车辆。南京农业大学基于视觉技术开发了轮式农业机器人，并采用模糊控制跟踪目标路径。在智能化农业作业机械方面，国内还研发出了自动变量施肥播种机、智能谷物联合收割机、智能玉米精密播种施肥机、自动对靶喷雾机、大型平移式变量喷灌机，但总体仍处于学术研究和科研试验阶段，商业化进程较慢。当前，国内智能农机市场主要还是以进口为主，但我国企业自主研发的趋势逐步明显，中联重科股份有限公司、雷沃重工股份有限公司、三一重工股份有限公司、新大陆科技集团等农机龙头企业也开始纷纷布局智能农机领域。

口袋卡

在全球科技行业中，大疆创新无疑是一颗璀璨的明星。其以独特的创新理念和卓越的技术实力，在消费级无人机市场中占据了主导地位。然而，大疆创新的影响力并不仅限于此，其在农用无人机领域的贡献和地位同样不可忽视。无论是在推动农业科技的发展，还是在推动农业现代化、智能化的过程中，大疆创新都发挥了重要的作用。可以说，大疆创新的农用无人机产品，已经成为农业生产的重要工具，对农业的发展产生了深远的影响。

由于农用无人机在植保喷药、农田信息采集等领域具有显著优势，国内从2008年开始研制油动无人直升机用于农业植保，直到2016年，多轴无人机的兴起推动了我国农用无人机产业的快速发展。农用无人机研发公司如雨后春笋般崭露头角，以科技创新为动力，以服务农业为宗旨，为我国农业的发展注入了新的活力。当前，我国在农用航空器的生产研制上已有超过 200 家单位，如深圳市大疆创新科技有限公司、广州极飞科技有限公司、山东卫士植保机械有限公司、一飞智控（天津）科技有限公司等企业，在航空植保领域已具备自主研发能力。此外，在利用无人机进行农情监测与精准施药技术与装备的研发方面，华南农业大学、南京农业大学、东北农业大学、贵州大学等单位也取得一定成果。

在农用机器人领域，国内目前主要集中在果蔬采摘机器人的研发，相关科研机构在导航技术、果实目标识别与定位技术、果实自动分级生产线和自动嫁接等关键技术方向取得了很大突破。中国农业大学研发的黄瓜采摘机器人，选用履带作为移动平台底盘，运用机器视觉技术进行导航与作业。江苏大学和中国农业机械化研究院研发的拥有 5 个自由度苹果采摘机器人，其腰部能够进行上下以及左右旋转运动的同时，小臂的直动关节能够前后运动。南京农业大学研发的智能水果采摘机器人，同时包含了 GPS 导航、水果采摘以及装箱等功能。目前，我国在采摘机器人领域的研究工作所受的关注程度仍有待提高。

3. 智能农机的作业特点

智能农机集成了各种先进传感器和智能计算单元，能够对农机作业环境和作业状态进行实时监测与分析，并通过对农机执行系统进行智能控制来完成农业生产作业。因此，与传统农机相比，智能农机通常具有以下特点：

（1）作业精准，功能强大。智能农机通过传感器的感知与执行系统的自主作业，一方面，可以使农机按照标准的农业生产规程进行作业，避免由于人工作业的主观性和经验性带来的操作误差；另一方面，借助智能化处理和分析各种传感器获取的作业环境和作业状况数据，如土壤信息、作物水分信息、病虫害信息等，实现精准播种、精准施肥、精准灌溉、精准喷药、精准收获等。

（2）结构紧凑，通用性强。随着传感器和计算机终端的发展与升级，相关元器件或装备趋于微型化、模块化的方向发展，因而使得现代化的智能农机结构可以更加紧凑，且农机的智能控制系统通常只需变更相关的逻辑准则和执行顺序，即可使智能农机适应不同的作业环境及作业对象。

（3）减少人力，自动高效。智能化农机在自主作业的同时，还能根据作业需求变化进行自动调整与控制，从而减少对人工操作的需要。这不仅降低了操作人员的劳动强度和农业生产人力成本，还加快了农业生产的作业效率，并且通过远程显示及控制系统，可实现智能农机的遥控指挥和远程调度。

（4）安全性高，可靠性高。智能农机及装备集成的各类传感器可感知其作业环境与作业状况，并根据作业环境和对象的变化来自动调整工作状态，从而保证农机及装备处于良好的技术状态下作业。此外，智能控制系统配备的自动保护功能使得智能农机作业具有较高的安全性和可靠性。

（5）节能环保，增产增效。一方面，智能农机可以在良好的工作状态下进行各种作业，具有较高的作业效率，使得农机能耗得到有效降低；另一方面，智能农机采用精准方式作业，不仅能大幅提高化肥和农药的利用率，减少对农业生态环境的污染，降低农产品中的农药残留，有效提高农产品的市场竞争力。此外，由于精准的规范化作业，农业生产的产出也得到有效提高。

二、智能农机关键技术

实现农机智能化的关键技术主要包括智能感知、智能控制、智能作业、智能系统等技术。

（一）智能感知技术

智能农机的感知技术，可分为机外感知和机内感知。其中，机外感知是指对农机的作业环境和作业对象相关信息参数的感知，包括作物生长信息及其病虫害信息、作业环境与障碍信息等。机内感知是指对农机装备自身的工作参数及作业状态参数的感知，包括农机装备共性状态参数、耕整机械作业参数、施肥播种机械作业参数、植保机械作业参数、收获机械作业参数、农用无人机飞行参数、采集机器人关节参数等。

数字农业：为农业装上智慧"脑"

1. 机外感知技术

在作物生长信息感知技术方面，考虑到叶绿素、氮素含量是作物生长的重要营养指标，直接决定了农产品的产量和质量，而利用作物的光谱反射特征可以间接测量作物叶绿素和氮素的含量。因此，在智能农机中，通过配备机载光谱成像传感器来在线检测作物叶绿素含量以及氮素含量。此外，还可利用超声波技术来估测植株高度等信息。

口袋卡

传感器是智能农机的"眼睛"和"耳朵"，负责收集农田环境信息。常见的传感器有温度传感器、湿度传感器、光照传感器、土壤传感器等。通过对这些传感器收集的数据进行处理，智能农机可以实现对农田环境的实时监测，为农业生产提供科学依据。

在作物病虫害感知技术方面，准确感知和识别出植物的病虫害的位置、类别、程度等信息，是智能农机实现精准变量靶向施肥和喷药的关键。目前，常用的感知病虫害的技术主要包括光谱分析方法和计算机视觉分析方法。光谱数据如荧光光谱、近红外光谱、高光谱成像等数据，通过提取特定的光谱特征并借助机器学习模型，来实现病虫害的在线感知。近年来，随着深度学习技术的兴起，通过训练卷积神经网络模型，使用计算机视觉技术实现对多种病虫害的精准识别成为研究的热点。

在作业环境感知方面，智能农机通常需要感知作业空间信息、作业目标信息、农田土壤信息、环境气象信息等。针对作业空间信息的感知，可分为离线感知和在线感知两大类。离线感知即通过其他非机载装备或机载装备在非作业时预先获取作业地形或空间的三维信息，其中最精确和最直接的方法是使用描述地形的原始地形文件，构建好作业地形或空间的三维信息。在线感知则主要是指在农机作业的同时，利用机载装置快速感知作业环境的三维空间信息，如通过集成与激光雷达等装置来对农田地形信息进行实时采集，或通过集成单目即时定位与地图构建三维重建、双目立体三维重建技术，完成对作业空间信息的感知。针对作业目标的感知，主要通过搭载视觉传感器，利用计算机视觉和机器学习技术，完成对苗株、杂草、果穗、田垄、田埂界等农机作业所需的感兴趣目标的感知。针对农田土壤信息的感知，常采用机载的综合土壤传感器等装置，实时扫描和分析土壤表层与深层土质结构，从而感知不同地块的压实度、酸碱度、含水率以及有机质含量等信息。针对环境气象信息的感知，利用温度、湿度、光照、风速等传感器实现作业区域小气候检测，同时，利用地面气象站数据接收农业气象数据。

口袋卡

计算机视觉技术是智能农机的"大脑"，负责处理传感器收集到的信息。通过计算机视觉技术，智能农机可以识别作物生长状况、病虫害情况等，为农业生产提供决策支持。此外，计算机视觉技术还可以实现对农田环境的三维重建，为农业生产提供更加精确的数据支持。

在障碍物感知方面，由于农机进行农业生产作业时，作业环境中不仅常伴有电线杆、树木以及道路等静态障碍物，通常还会出现行人、动物以及其他作业机械等动态障碍物。其中，静态障碍物利用前述作业空间信息感知方法即可感知。而针对动态障碍物，除了结合已感知的作业空间信息外，还需要借助超声波雷达、激光雷达、红外传感、视觉传感器以及多传感融合等方式，对动态障碍物目标进行实时检测与跟踪，以确保智能农机在作业时的安全。

2. 机内感知技术

智能农机的机内感知主要是对农机自身动力、传动、移动以及作业等机构运转状态的监测，实现农机运行的闭环控制。机内感知的参数主要包括：农机装备共性参数，以及不同类型农机如耕整机械作业参数、施肥播种机械作业参数、植保机械作业参数、收获机械作业参数、农用无人机飞行参数、采集机器人关节参数等，对这些参数进行感知，可以优化农机的工作状态和作业效果。

在农机装备共性参数方面，主要包括动力输出信息、发动机信息、姿态信息、燃油信息、扭矩信息以及车轮滑转率信息等。其中，发动机信息、动力输出信息等可通过 CAN 总线按照 ISO 11783 协议读出，姿态信息可采用惯性测量单元（IMU）获得，实时扭矩信息和车轮滑转率信息则一般采用相关传感器参数进行估测。在耕整机械作业参数方面，主要通过姿态传感器、测距传感器等以及多传感器融合的方式，实现对耕整机具姿态、耕整作业阻力、耕整作业深度等参数的感知，通过对获取的这些参数来实现精准化的深松作业。在施肥播种机械作业参数方面，主要利用激光发生器、光学传感器、电容传感器、电波测量技术等，实现对种肥流速、流量以及播施深度的感知。在植保机械作业参数方面，通常采用多传感器融合以及 CAN 总线技术，实现对喷雾压力、流量、作业状态、药液体积以及喷杆作业姿态等参数的感知，从而实现植保作业的变量精准喷施。在收获机械作业参数方面，常通过谷物流量模型、谷物吞吐量传感器、多光谱传感器、声学撞击信号以及计算机视觉技术等，对果穗等作物收获产品的含水率、产量、损失率以及含杂率等参数进行感知。在农用无人机飞行参数方面，利用惯性测量单元、磁场传感器、北斗以及避障雷达等装置获取无人机对地高度、飞行姿态参数、姿态校准参数、电源电压 / 燃油信息、定位信息、速度信息以及避障雷达参数等。在采摘机器人关节参数方面，利用运动学模型及 CAN 总线技术获取各关节运动状态信息等。

（二）智能控制技术

智能农机的控制系统主要包括负责控制系统整个网络架构的总线控制，负责各功能单元具体控制的控制器，以及负责农机信息展示与监控的监控终端等。特别是对于农用无人机，其控制系统则主要由机载飞控系统和地面站系统组成。

口袋卡

控制技术是智能农机的"肌肉"，负责根据传感器收集到的信息和预设的目标，调整农机的工作状态。目前，常用的控制技术有 PID 控制技术、模糊控制技术等。通过这些控制技术，智能农机可以实现对农机的精确控制，提高农业生产效率。

1. 总线控制

智能农机需要大量的传感器、控制单元和执行器来满足精细化作业的需求，为了对这些模块之间的通信进行管理以及实现农机的智能化控制，最初开发用于汽车监测与控制的 CAN 总线技术被逐渐引入智能农机领域。总线作为农机网络节点连接的标准总线，规范了传感器、控制单元、执行器、信息存储与显示单元之间的数据传输格式和接口，利用总线技术可以实现农机控制系统的优化。在此基础上，国际标准化组织制定了 ISO 11783 标准来作为农业机械领域的标准通信规范，进一步规定了智能农机控制系统的网络整体架构、物理层、网络层、数据通信、电子控制单元以及任务控制器结构。现有的多数大型智能农机包括采摘机器人在内的整体控制系统架构都采用相关的总线技术标准进行设计。

2.ECU 控制器

控制器是实现农业装备智能控制的核心部件。ISO 11783 标准规定的 ISOBUS 控制结构中，按照设计功能和安装位置的不同将农业装备中的控制器分为主机 ECU 和机具 ECU 两类。主机可以完成的功能包括电源管理、农机设备响应、附加悬挂参数、机具与拖拉机照明控制、估计和测量辅助阀流量、悬挂命令、动力输出装置命令、辅助阀命令等，可以读取处理的信息包括辅助阀信息、PTO 信息、速度和距离信息、时间 / 日期信息、悬挂信息、语言信息等。机具 ECU 则主要完成机具作业时的控制，如耕整机具的犁深控制、喷施机具的变量喷药施肥、播种机具的精量播种等。

3. 监控终端

ISO 11783 标准规定的监控终端是一个状态监控系统，以实时显示农机的运行状态。目前，国内开始研发集用户界面显示、作业数据显示、作业模式调整、农机驾驶控制等功能于一体的综合性农机智能终端。

4. 机载飞控系统

机载飞行控制系统主要包括主飞控系统、高升力系统以及自动飞行系统等模块，主要用来控制无人机按照规划的飞行或作业路线进行自主飞行、快速定位、自主避障控制、飞行姿态与高度控制和飞行速度控制等，以及对农药自动喷洒和其他作业等的控制。

5. 地面站系统

地面站系统主要用于无人机空载时预飞行障碍物检测与标记，以及在地图上创建和编辑飞行作业任务路线和对无人机各个传感器与电机进行校正处理，同时负责提供各控制器参数设定，以及监测显示无人机飞行状态信息和飞行作业时回传数据信息等。

（三）智能作业技术

农机作业的智能化主要体现在农机能够进行自主、精准、协同的作业。为了实现这些智能化的作业方式，自主导航技术、智能行走技术、变量作业技术、协同作业技术等相继被提出并应用在智能农机领域。

1. 自主导航技术

智能农机自主完成作业的前提是能够明确农机当前在作业环境中的位置以及作业时的前进路线，因此需要对农机装备进行精准的定位以及作业路径的规划。

在定位导航方面，主要包括利用北斗和视觉定位技术。通过结合载波相位差分与北斗技术，智能农机已经可以实现厘米级的定位精度，然而单纯利用定位并不能确定农机与作业目标或环境的相对位置关系。因而，有学者提出利用视觉定位技术如全向视觉传感器、SLAM 技术等来确定农机在作业环境中的位置。通过搭载高精度的北斗定位装置并结合机载的视觉感知装备与技术，既可以精确定位农机自身位置，还可以确定农机与作业目标以及作业环境等之间的位置关系。

在确定完农机以及农机与作业环境间的相对位置后，需要进一步明确农机进行作业时的作业路径，即路径规划技术。农机的作业路径规划，必须满足相关农艺规范的要求，在作业区域内不重、不漏的前提下，对作业距离、时间、转弯次数、能耗等参数优化，寻找合理的行走路线，是农机无人驾驶与自主作业不可或缺的环节。然而，对于复杂的作业场景，以及当智能农机感知到作业环境中存在动态障碍物时，需要结合计算机视觉技术以及各种地块全区域覆盖路径的优化方法进行智能化的处理和分析。

2. 智能行走技术

智能农机实现智能化的行走，当前主要借助辅助驾驶技术和无人驾驶技术。辅助驾驶是介于传统驾驶与无人驾驶之间的一种过渡技术，主要是利用电动方向盘，以及自主定位装置、姿态传感器、智能驾驶控制器、转向轮角度传感器、压力传感器、液压转向电磁阀组等，实现农机的直线追踪行走与自动转弯，并结合操作员的手动控制或远程遥控加以辅助。

无人驾驶则是在辅助驾驶技术的基础上，进一步结合雷达测距、激光测距以及其他视觉传感器等障碍物检测装置与路径规划技术，在农机自主行走的同时，实现其对障碍物的自主检测与避障，进而实现无人工干预的作业路径跟踪与作业机具操作。

3. 变量作业技术

在智能农机实现自主定位、导航与行走之后，需要进行具体的作业。为了使相关作业实现精准化与智能化，避免农业生产资料的浪费，变量作业技术得到较多的关注。变量作业主要是通过借助智能农机感知到的作业目标（如生长状态、病虫害等）与环境（如风速、温湿度等）信息以及作业机具状态（如位姿、液位、阻力）等相关信息，并结合作业规范的要求和具体作业目标的特性，借助大数据分析以及人工智能等技术，建立相关信息与喷施、播种等作业系统控制量之间的关联关系模型，自动生成作业处方图或处方文件，实现施肥的精量配方、农药的变量喷施以及种子的精量播种等作业。

4. 协同作业技术

为了进一步大幅提高智能农机的规模化作业效率，多台农机之间进行协同自主作业是未来农机发展的重要方向。多机协同作业的核心是在多个农机和多个地块之间建立映射关系，并综合考虑任务数量、作业能力、路径代价以及时间期限等因素，在满足实际作业约束条件的前提下，实现最优化的协同作业。当前，相关工作仍以多机系统作业任务分配方法的研究为主，如基于遗传算法、蚁群算法、B-patterns 算法、Clark-Wright 算法等的协同作业模型。在实际作业过程中，当前智能农机主要侧重于领航－跟随方式的主从协同的多机作业模式。

三、智能农机及装备

目前，国内外已研发的智能农机主要集中在智能拖拉机等农业动力机械，以及智能耕作机械、智能配药机械、智能灌溉机械和智能收获机械等农业作业机械。此外，还包括特殊的植保无人机和智能采摘机器人等。

1. 智能拖拉机

智能拖拉机主要是通过对传统拖拉机的驾驶系统进行智能化的改进，通过

111

采用北斗导航技术等实现智能导航、自主驾驶功能的一类拖拉机，并借助搭载的视觉传感器辅助或自主避开障碍物。相比传统拖拉机，智能拖拉机可以根据预先规划好的工作顺序和路线进行作业，极大地降低了人为因素造成的重复作业，减少了操作人员的疲劳感，使得农业作业更加精准、快速和安全。目前，研发出的智能拖拉机成品主要集中在农业装备制造企业，多数采用全新的无驾驶室设计，部分则通过对现有拖拉机进行升级改造以实现智能化功能。

美国自动驾驶拖拉机公司在 2013 年推出了无人驾驶拖拉机 Spirit，如图所示。该拖拉机无驾驶室，能完成直行、转弯、避障、作业等动作。

俄罗斯的 Avrora Robotics 公司于 2016 年 9 月发布了一款无人驾驶拖拉机 AgroBot，该拖拉机利用机载的计算机终端将信息传送到控制中心，可实现远程同时监视和控制几十台设备同时作业。

美国约翰迪尔公司在 2018 年底推出的电动无人驾驶拖拉机 GridCON。如图所示。该拖拉机全自主运行，并采用电缆供电，同时具备导航系统、转弯系统和避障系统等。

美国凯斯公司研发出的无人驾驶概念拖拉机 Magnum，实现了在定位、遥控、数据共享和农艺管理上的突破。该拖拉机可以根据作业边界和机具宽度自动规划行驶路径，并在多机协同作业时规划好最高效的协同路线，同时将拖拉机运行状态、工作环境等参数通过多终端的方式显示给操作人员，并提供手工作业参数调整入口。此外，该拖拉机通过搭载雷达、激光测距传感器与摄像机等传感器可实现障碍物检测，还能通过接收实时气象信息等进行自主作业决策。

2018 年 10 月 23 日，由河南省智能农机创新中心牵头，联合中国一拖集团有限公司、中国科学院计算技术研究所、清华高端装备院洛阳基地、中联重机股份有限公司，在洛阳发布了国内首台自主研发的纯电动无人拖拉机——超级拖拉机 1 号。该拖拉机整机由无人驾驶系统、动力电池系统、智能控制系统、中置电机及驱动系统、智能网联系统五大核心系统构成。通过借助高精度农业地图的路径规划以及农机无人驾驶操作系统，超级拖拉机 1 号具有自主路径规划、障碍物识别与主动避障、整机数据网联回传等功能，可以自主完成出库、耕作、入库等

数字农业：为农业装上智慧"脑"

作业任务，并实现远程多机操控与管理。借助多种传感器及物联网技术，该拖拉机还可以通过云平台实时收集和存储农机运行及作业相关数据信息。

2.智能农业作业机械

智能农业作业机械主要包括智能联合收割机械、喷药机械、施肥播种机械等。智能联合收割机械通过集成各种传感器与卫星定位装置，可以实现根据收割机作业的割幅和导航测定出的作业运行轨迹来实时测算收割机收获作业面积，并可借助传感器实时计算收获的谷物流量，完成实时测产，从而可快速确定收割机收获的农田面积与产量，形成农田产量分布图，通过结合实时计费及计价系统还可实时快速完成作业薪酬计算。此外，联合收割机通过接入互联网可实现跨区异地收割，提高作业效率。我国洛阳中收机械装备有限公司研制出的智能联合收割机通过北斗卫星定位导航系统实现了遥控指挥作业，同时还与远程后台服务中心进行信息传输与交换，实现了收割机的远程定位、监测及诊疗等功能。

智能喷药机械主要借助传感器对作业对象进行智能感知与分析，可以实现对作业对象的精准定位和变量喷施。美国 GUSS Automation 公司研发出自动驾驶果园喷雾机，操作员通过计算机即可监控自动驾驶喷雾机，其采用的高精度定位技术可以最大限度地节约肥料、农药并节省劳力，同时支持一人监控多达 8 台自动驾驶喷雾机工作。

　　智能施肥播种机可以在施肥播种过程中，利用各种传感器，通过感知或测定出的作物种类、土壤肥力、土壤墒情等参数来控制施肥和播种量，实现因地制宜的平衡施肥与精准播种。美国凯斯公司研发的 Flexi Coil 系列变量施肥播种机。其由播种机和空气输送式种肥车配套组成，可根据需要智能调节不同类型肥料与种子比例，满足不同土壤或地区农作物生长的需要。

　　德国阿玛松公司研制出的 ZA–TS 变量撒肥机通过集成多种传感器以及 ISOBUS 总线控制与服务终端通信设备等，可实时感知农作物生长态势，并智能测算出作业单位区域内适宜农作物生长的施肥量。该机器通过独立的液压驱动装置控制离心撒肥盘工作转速及幅宽，实现精准变量施肥作业。此外，它对一定的

风力、凹凸不平的地面以及不断变化的肥料属性具有较好的稳定性。美国约翰迪尔和日本井关农机株式会社也都分别研发出了多款智能施肥播种机，通过集成人机交互系统和变量喷药撒肥系统，基于传感器获得的土壤养分及作物长势信息，实现了智能化精量播种和变量施肥作业。

我国对精准变量施肥技术和智能播种施肥机的研发起步较晚，当前仍多处于理论探索和样机试制研究阶段。南京农业大学、吉林大学、北京农业智能装备技术研究中心以及东北农业大学等单位也都相继开展了相关技术与装备的研制。如东北农业大学王金武团队通过结合 液态肥深施理论与精准变量施肥技术，研发了深施型液态肥变量施肥机。该机械通过 GIS 施肥处方图和特殊设计的变量施肥机具，实现了液态肥的精准喷施作业。

3. 植保无人机

近年来，随着航空器技术的发展，以及 3S 技术、人工智能、物联网等新技术的加入，国内外植保无人机发展迅速。无人机具有作业半径广等特性，被广泛应用于对作物生长状态的近地遥感监测、病虫害的勘察评定、病虫害航空施药防治以及森林火情勘察等多个领域。在作物生长状态监测方面，由于多数无人机无需专门的跑道，随时可搭载或组合多种近地遥感监测设备，支持多机协同作业，可以大幅提高农情监测的时效性；在病虫害勘察方面，通过传感器采集和远程服务器分析对病虫害进行准确评价，可以获得最佳的防治策略；在森林火情勘察方面，无人机具有良好的机动性以及通过搭载视觉传感器获得较远的观测视野，可以及时有效地监测发现火情隐患；在航空施药方面，无人机能够适应不同的喷施作业环境，作业效率高，不受作物长势限制，适应性广，通过结合变量喷施技术，还能够进行精准喷药作业，既节省药液，又有利于环境保护。

目前，我国植保无人机在玉米、水稻、小麦、棉花以及林木等领域的农情监测、灾害防治、喷施作业等领域都有所应用，效果良好，且形成了多种植保无人机作业推广应用的新模式。我国现有超过200家无人机相关企业，研发出了多款用以植保作业的无人机，其中以大疆T系列植保无人机最具代表性。

2018年，大疆创新发布了行业第二代植保无人机T16，该款无人机采用模块化设计，提高了最大载重负荷并加宽了喷幅作业半径，同时通过研发集成的AI智能引擎技术及三维作业规划功能，有效提高了植保作业效率。该无人机还通过搭载模块化的航电系统，配备双IMU及双气压计，采用动力信号冗余设计，提高了飞行安全，同时借助全球导航卫星系统（GNSS）+RTK双冗余系统，实现了厘米级的飞行及作业定位精度，并采用双天线抗磁干扰技术有效提高了作业安全。

2022年，在原有T系列植保无人机的基础上，大疆创新发布T50植保无人机，T50搭载有源相控阵雷达系统，射频收发通道数量提升一倍，检测精度更高。配合两组双目视觉，可精准描绘地形与障碍物细节。为进一步保证作业安全，T50还配有后相控阵雷达，实现360度全向感知与智能绕行，面对大坡度农田、果园，实现全自动仿地作业。

随着全球各地政府和市场的不断推动，农业智能化和现代化的发展进程逐步加快，大疆农业无人机在全球多个国家和地区获得政府政策支持和市场认可。截至 2022 年底，大疆农业无人机全球累计保有量突破 20 万台，累计作业面积突破 30 亿亩次，惠及数亿农业从业者。大疆农业的足迹已遍布六大洲，覆盖超过 100 个国家和地区。

4.采摘机器人

采摘作业是农业生产中较为耗时也较为费力的一个环节，属于劳动密集型的工作，且人工采摘容易造成果蔬等农产品损伤，影响其市场竞争力。利用机器人、智能控制、人工智能和计算机视觉技术，并结合机器控制单元、末端执行机构以及运动装置，实现果蔬的自动采摘，对推进农业生产的规模化和精准化有着重要的作用。自 20 世纪六七十年代开始，美国、日本以及欧洲等国家都相继展开了采摘机器人研发工作，并成功研制出多种采摘机器人。从 20 世纪 90 年代开始，我国也逐渐展开了采摘机器人的研发工作。目前，国内外采摘机器人主要针对水果和蔬菜，如番茄、草莓、苹果、柑橘、樱桃、黄瓜等。

美国 Root AI 公司研发出的 Virgo 1 采摘机器人，利用人工智能技术自动定位和识别具有较高成熟度的番茄，并通过控制机器手臂及采摘装置完成对番茄的自动收获，通过集成灯光设备，还可实现夜间采摘作业。

　　比利时 Octinion 公司研发了全自动草莓采摘机器人 Rubion。该款采摘机器人通过搭载大量的视觉传感器，自动生成作业场景三维立体地图，同时对机器人自身和待采摘区域进行实时定位，并借助计算机视觉技术识别和判断草莓成熟度，进而控制机器手臂完成对草莓的挑选和摘取。

　　美国 Abundant Roboties 公司通过采用计算机视觉技术识别成熟的苹果，并控制真空抽吸式采摘作业系统完成对苹果的智能采摘。

日本 Inaho 公司研发出的果蔬采摘机器人同样借助人工智能技术对符合收割标准的蔬果自动分析并进行收割。该款机器人可根据设定好的路径在作业区域内进行无人自主的收割作业，可以完成对芦笋、黄瓜、青椒、番茄等果蔬的自动采摘。

此外，西班牙 Agrobot、英国 Dogtooth 以及美国 Harvest Croo 等农业机器人公司也都相继推出了多款浆果类的采摘机器人。

目前，国内在采摘机器人领域的研发工作仍多处于试验阶段。江苏大学研发了番茄采摘机器人，通过采用开放式控制技术和多传感器信息融合技术，实现了对番茄以及与番茄形状类似的柑橘、苹果等果蔬的自动采摘。西北农林科技大学研发了苹果采摘机器人，通过建立的机械臂模型和开发的控制器单元，实现了对机械臂的伸缩控制和对苹果采摘动作的执行。吉林工业大学借助计算机视觉技术和智能控制技术研发了蘑菇采摘机器人，通过对蘑菇目标的自动定位来引导采摘机完成对蘑菇的自动采摘。上海交通大学研发了气动式的草莓采摘机器人，借助神经网络和计算机视觉技术以及气动驱动方法实现了对草莓的分级拣选。浙江大学则通过构建非奇异终端滑模控制器研发了基于滑模轨迹技术的黄瓜采摘机器人。中国科学院自动化研究所和中国农业大学共同研发了一套针对地垄栽培模式下草莓无损自动采摘执行机，通过集成视觉导航系统和机械采摘装置，实现了目标草莓的自动定位与无损伤采摘。河南农业大学、北京工业大学、中国计量大学、湖北工业大学、燕山大学等单位也都相继开展了番茄和苹果等果蔬采摘机器人的研究。

华南农业大学研发出一款智能化的荔枝采摘机器人，通过采用双目立体视觉和目标检测模型对果园中的荔枝目标进行定位并获得视野内多个荔枝目标，进而利用数学规划方法对采摘作业路径进行自主规划，并控制机械臂末端进行伸缩和采摘，实现了荔枝的自动收获。

中国农业大学研发出一款黄瓜采摘机器人，该机器人通过借助计算机视觉技术对 RGB 颜色空间的绿色分量进行处理与分析，并定位出黄瓜果实所在的空间位置，进而控制末端执行器到达果实目标位置并进行采摘。

四、智能农机作业调度指挥系统

为了进一步提高农业生产效率，发挥智能农机规模化作业优势，提高区域内多个农机协同作业的任务管理与调度指挥，通过借助大数据、云计算等技术，相关研究机构和规模化农场开始联合农机装备企业与互联网科技公司，联合研发集农机作业监测、农机调度管理以及供需信息对接的智能农机作业调度指挥系统，来对农机作业进行全程作业监控、精准指导与指挥调度，实现农机作业信息的实时动态监测以及可视化和数字化管理，同时为供需资源提供有效对接，以促进小农户与现代规模农业的衔接发展。

1. 农机作业监测系统

农机作业监测系统通常包含作业信息远程监测、作业进度实时分析与作业质量在线评估等模块。针对作业信息远程监测模块，智能农机通过搭载的各类传感器，按照规定的时间间隔采集农机作业相关的各类数据，并结合物联网系统，将相关数据传输并存储在云端服务器中，并在远程端通过 PC 或手机 App 的形式，实时显示农机位置及作业数据信息。针对作业进度实时分析模块，主要借助作业区域的电子地图和导航系统。通过统计农机行走的路程和农机作业幅宽，实时计算已完成作业面积与剩余作业面积。针对作业质量在线评估模块，主要是对农机作业重叠率、作业遗漏率和地头转弯消耗率进行评估，根据生成的作业路径图来完成对作业重叠面积、作业遗漏面积和地头转弯面积的计算。

2. 农机调度管理系统

农机调度管理系统主要是借助电子地图与卫星定位系统对农机进行精准定位，实现区域内农机的任务规划和路径规划。基于农机作业监测系统，获取到农机实时分布的准确位置以及作业进度情况，结合作业任务需求以及地块信息等，按照优化算法合理调配所需的农机具类型与数量，制定农机最佳的行走路线和作业方案，实现农机到田间地块的精确调度。

在农机的实际调度过程中，除了受到任务数量、农机数量、多机协同作业需求以及作业距离等因素的影响之外，还受到农田的位置、面积及作业天气、作业时限等条件的限制，以及作业周边地区道路与交通等动态复杂情况的制约。这些因素使得与农业机械调度相关的理论和方法仍有待深入研究。在农机调度管理系统中，为了合理利用有限的农机资源，农机调度管理通常还会涉及大规模的跨区域的农机调度与管理。因此，还要进一步综合考虑作业分区方法、转场时间、里程成本等的约束情况，提出适应大区域范围的多机协同作业的农机调度管理方法。

3.供需信息对接系统

通过供需信息对接系统可以及时发布农机作业供需信息，农户或农场用户通过提前发出或预约作业需求，避免农机资源的紧缺；农机服务组织则可以根据作业需求情况制订作业计划，避免农机资源浪费，从而实现农机资源、作业任务以及劳动力资源等的有效对接。同时，该对接还可为行业监管、型号调配和补贴政策的制定提供基础数据支撑。供需信息对接系统通过与农机调度管理系统进行集成，为调度管理系统提供区域内或跨区域的有效农机资源数据，实现农机合理、精确的调度与管理，同时也将小农户和规模化农场进行有机衔接，促进我国数字化乡村振兴战略的实施。

第三章

农业数据
采集与处理

我国是农业大国，农业的地位特殊而重要，对农业相关各类数据研究和应用有着重要的战略意义。农业数据资源是发展农业大数据的基础，当前我国正处于由传统农业向现代农业的转型期。利用大数据思维和方法助力农业改革与发展势在必行。通过整合农业数据资源，并对这些数据资源进行分析挖掘，可以更科学地预测和指导农业生产，为政府决策提供科学、可靠的依据，为农业经营、服务、科研等提供坚实的数据支撑。

第一节　农业数据分类

农业数据资料来源广泛、结构复杂、种类多样，蕴含着巨大的价值。以农田数据为例，农田基本信息的采集和处理是人们了解农作物生长环境和长势的基本途径，气候、土壤和生物是构成农业资源的三大主体，它们的集合及表现，决定了农业资源环境的质量。随着网络信息化的发展，农业数据资源更是快速增长。从数据生产和应用角度看，农业数据资源可包括农业自然资源与环境、农业生产过程、农业市场和农业管理、农业科研等领域。

一、农业自然资源与环境数据

农业自然资源与环境数据是与农业源头生产直接相关的数据资源，主要包括土地资源数据、水资源数据、气象资源数据、生物资源数据和灾害数据。

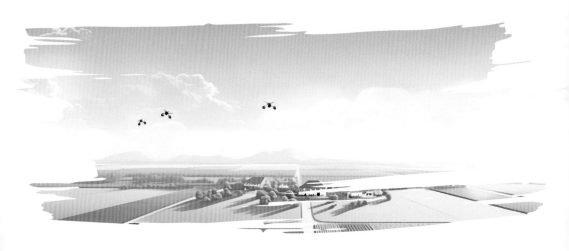

1. 土地资源数据

（1）土地类型、地形、位置、地块面积、海拔高度、质量、权属、利用现状等静态数据。

（2）土壤水分、温度、pH、有机质、化学元素等动态数据。

2. 水资源数据

（1）实时雨情数据、实时地下水数据、水利工程、江河水质数据、水功能区水质数据、重要水源地水质数据、入河排污口水质数据。

（2）河流、水库、堤防、湖泊、水闸、灌区名称位置及其参数等防汛数据。

（3）检测点水土流失数据、主要河流径流泥沙情况等。

3. 气象资源数据

（1）风速、风向、气温、气压、紫外线、雨量、蒸发等基础气象数据。

（2）干旱、洪涝、雷暴、风暴、冰雹、冻害等重大气象预警数据。

（3）气温、雨水、土壤墒情、光照等级，以及春种、夏收、夏种、秋收、秋种季节的农用专题气象预报数据等。

4. 生物资源数据

（1）大豆、玉米、小麦、水稻等粮食作物以及蔬菜、花卉、草、树木、油料作物等经济作物的品种、系谱、形态特征、生长习性、地理分布、种植栽培技术、病虫害防治等数据。

（2）猪、牛、羊等牲畜以及鸡、鸭、鹅等家禽的品种、系谱、生活习性、形态特征、养殖技术、病害防治等数据。

（3）种子、农药、化肥、饲料等农业投入品的品种、特征、结构、成分、适用范围、投入标准等。

5. 灾害数据

主要包括常见病害、虫害的危害症状、病原特征、传播途径、发病原因、发病机制、防治方法等数据。

二、农业生产过程数据

农业生产过程数据是开展农业生产活动本身所产生的数据资源，包括种植业生产过程数据和养殖业生产过程数据。

1. 种植业生产过程数据

（1）**地块基础数据。**主要包括权属、位置、地形、地势、海拔、面积、承包人、农作物种类等。

（2）**投入品数据。**主要包括种子、种苗、农药、化肥等农用生产资料和农膜、农机、温室大棚、灌溉设施及其他农业工程设施设备等农用工程物资的供应商、采购方式、采购渠道、投入量、投入成本、投入效果等。

（3）**农事作业数据。**主要包括清田、犁地、整地、深松、铺膜、移栽、播种、灌溉、施肥、除草、病虫害防治、中耕等农事作业的作业标准、开始时间、完成时间、作业效果、责任人等。

（4）**农情监测数据。**主要包括农作物的长势、营养、病虫害、种植面积、倒伏状况、产量预测等。

2. 养殖业生产过程数据

（1）**投入品数据。**主要包括兽药、饲料及饲料添加剂等生产资料和养殖设施、环境调节设施等工程物资的供应商、采购方式、采购渠道、投入量、投入成本、投入效果等。

（2）**圈舍环境数据。**

①气温、相对湿度、气流、畜舍的通风换气量等温热环境数据。

②光照度、光照时间、畜舍的采光系数等光环境数据。

③恶臭气体、有害气体、细菌、灰尘、噪声、总悬浮颗粒、一氧化碳等空气质量数据。

④畜牧场水源的温度、颜色、浑浊度、悬浮物等物理数据，溶解氧、化学

需氧量、生化需氧量、铵态氮、pH 等化学数据，细菌总数、总大肠菌数、蛔虫卵等细菌数据。

⑤畜牧场土壤的有机质、氮、磷、钾等土壤肥力数据。

（3）疫情数据。主要包括疫情发生地点、疫情类别、动物类别、发病动物品种、病名、养殖规模、疫情来源、易感动物数、发病数、病死数、急宰数、扑杀、销毁数、紧急免疫数、治疗数、临床症状、剖检病变、诊断方法、诊断结果、控制措施、处置结果等。

三、农业市场数据

农业市场数据是与农业生产资料、农产品的市场流通直接相关的数据，包括市场供求信息、价格行情、价格及利润、流通市场以及国际市场信息等。

其中，农产品流通市场信息是与农产品的收购、运输、储存、销售等一系列环节相关的数据。从宏观上讲，主要包括果蔬农产品、鲜活农产品（肉类、乳制品等）、大宗农产品（玉米、水稻、小麦、大豆等）等主要农产品的主产区以及批发市场的规模、交易量、交易价格、供求状况，种养主体、运销主体、仓储主体、批发零售主体的规模、经营范围、成立时间、员工人数、占地面积、地理位置等基本信息以及产销规模、产品流向、产品流量、成本、收益、信誉等数据。

国际市场信息主要包括全球主要产粮国的粮食产量、库存量、贸易量、消费量、进口量、出口量、价格及其增长速度、趋势分析等数据。

四、农业管理数据

农业管理数据是在农业生产经营活动有序开展的基础上所产生的与农业宏观调控相关的数据资源，包括国民经济基本信息、国内生产信息、贸易信息、国际农产品动态信息和突发事件信息等。

1. 国民经济基本数据

该数据主要包括城镇、农村居民人均可支配收入及其增长速度，城镇、农村居民人均消费支出、构成及其增长速度，居民消费价格、农产品生产者价格及其增长速度，农村贫困人口.贫困发生率、全年贫困地区农村居民人均可支配收入及其增长速度等。

2. 国内生产数据

该数据主要包括：

小麦、玉米、水稻等粮食作物的种植面积及其增长速度。

夏粮、早稻、秋粮等粮食产量。

水稻、小麦、玉米等谷物产量及其增长速度。

猪、牛、羊、禽肉的产量。

禽蛋、牛奶产量及其增长速度。

生猪存栏、出栏量及其增长速度等数据。

3. 贸易数据

该数据主要包括国内城镇和农村消费品的零售额及其增长速度，主要商品的进出口总额、数量及其增长速度，主要国家和地区货物进出口金额、增长速度及其比重等数据。

4. 国际农产品动态数据

该数据主要包括大豆、小麦、玉米、棉花、食糖等国际大宗农产品以及猪肉、鸡蛋、蔬菜、水果等鲜活农产品的价格及走势等数据。

5. 突发事件数据

该数据主要包括自然灾害、环境污染、人畜共患病、食品安全以及农村社会危机等与农业生产或者农产品消费密切相关、突然发生、造成消费者极大恐慌、危及社会稳定的事件信息。

五、农业科研数据

农业科研数据是政府部门、各类科研单位、部分研究机构在基础科学研究、基础资源调查中所产生的数据资源，包括作物科学、动物科学与动物医学、农业科技基础、农业资源与环境科学、农业区划科学、农业微生物科学、农业生物技术与生物安全、食品工程与农业质量标准等。

1. 作物科学数据

该数据主要包括作物遗传资源、作物育种、作物栽培、作物生物学、作物生理生化等数据。

2. 动物科学与动物医学数据

该数据主要包括动物遗传资源与育种、动物饲料、动物营养、动物饲养、动物医学等数据。

3. 农业科技基础数据

该数据主要包括农业科技统计、农业科技管理、农业科技动态与发展、农业科技专题、农业科技信息资源导航等数据。

4. 农业资源与环境科学数据

该数据主要包括灌溉试验数据、数字土壤数据、土壤肥料数据、农田生态环境数据、农业昆虫数据等。

5. 农业区划科学数据

该数据主要包括农业区划数据、农业资源调查与评价数据、农业土地利用数据、农业区域规划与生产布局数据、农业遥感监测数据等。

6. 农业微生物科学数据

该数据主要包括农作物病原真菌数据、农作物病原细菌数据、农作物病毒数据、检疫微生物数据、生物防治微生物数据等。

7. 农业生物技术与生物安全数据

该数据主要包括植物基因组数据、微生物基因组数据、农作物转基因数据、植物生物反应器数据、生物安全数据等。

8. 食品工程与农业质量标准数据

该数据主要包括农产品质量标准数据、农产品质量检测数据、农作物加工品质数据、农产品加工工艺与设备数据、农产品加工质量安全控制数据等。

总体来说，农业数据的数据来源众多、层次丰富，涉及农产品生产、加工、流通、销售等全产业链；数据的格式涉及地面传感器、卫星影像、无线射频识别技术（RFID）、各种智能终端等的半结构化、非结构化以及传统的结构化数据；数据范围涉及省、市、县、乡、村层面的生产流通统计数据、农业信息数据以及相关的国外数据。不同来源、层次、级别、类型的数据共同构成了农业数据的庞大数据集。

第二节　农业数据的特点

农业数据信息既有一般信息的共性，也有不同于一般信息的特性。发展信息化农业，满足农民、农业科技工作者与农业管理部门对农业信息与信息技术的需求，首先必须了解农业信息自身的特点和类型，这是成功进行农业信息采集乃至构建农业信息系统的基础。

1. 普适性

农业数据如某种农作物栽培技术数据、农产品市场数据、土壤改良技术数据、农作物病虫害或畜禽疫情数据等，往往在广大地区被数以千万的农民与农业工作者所需求，其信息价值要大于其他领域的信息。如何采用适合不同地域的信息传播手段将农业信息有效、迅速地传播出去，是目前亟待解决的问题。

2. 地域性

农业数据与地理位置有关。从宏观角度看，不同的区域在地形地貌、土壤类型、气候状况、主要作物种类、土地利用类型、水资源状况等方面是不同的。从微观角度看，由于微地形的变化和农业投入水平不同，地块之间甚至是地块内作物的产量存在着显著的差异。因此，任何农业技术、优良品种都要与当地自然、社会条件相结合，否则不能达到良好效果。当时当地的各种有关的动态信息对于农业生产、农业管理决策至关重要，农业信息的这一特点也增加了采集农业信息的难度，如何将分散在广阔空间的、复杂的农业信息快速采集汇总起来，采集方法与采集体系仍需不断改进。

3.周期性和时效性

农业数据通常以生物的一个生育期为一个周期，每个生育期又可分为不同的生长阶段，这些生长阶段具有固定的时序特征。超过时限的信息不仅价值降低，而且有可能导致决策错误。目前的问题是，通过各种途径采集到的大量农业数据往往滞后，如旱涝灾情、作物营养亏缺、农作物病虫害或畜禽疫情、土壤退化、农业市场价格浮动等。

4.综合性

农业本身是复杂的综合系统，农业数据往往是多类数据综合的结果。例如，土壤数据包含土壤类型数据、土壤物理数据（质地、耕性等）、土壤化学数据（pH、有机质含量、氮磷钾含量等）。而且农业信息的关联性较强，一个信息往往直接或间接地与多个信息相关，一个信息通常是多种信息的综合。例如，作物长势信息实际上是土壤、气候、农田管理等信息的综合体现。又如，某类农产品市场价格变化趋势信息，是获取一个时期多个市场的大量数据，并经一定的数据统计方法综合分析的结果。农业信息的综合性，又从另一个侧面反映了从纷繁复杂的数据资料中提取农业信息的困难性。

5.滞后性

这是农业数据一个比较隐蔽的性质。如土壤施肥点周围的土壤和作物体内营养元素浓度的变化，往往具有明显的滞后特征。进行这类信息的加工处理和决策分析时必须考虑到农业数据的此类特点。

6.准确性

数据准确性要求是生命科学的一个重要特点。作物叶面与周围空气温差超过正常值 $0.2℃$ 就视为异常；土壤 pH 超过某种作物适宜值 0.4，该作物就难以生存。农业信息横跨了自然科学和社会科学，综合了微观和宏观，在多种因素影响下，获取准确的数据增加了信息采集的实施难度。

第三节　数据采集技术

　　数据采集一般被定义为将真实世界的物理现象转化为可测量的电气信号，并且转换为数字格式被处理、分析和存储的过程。下面主要分析几种关键技术在田间位置信息、土壤属性信息、作物生长信息、农田病虫草害信息和作物产量信息采集中的应用研究现状，并在此基础上提出田间信息采集技术研究的发展方向。

一、生物信息的采集

　　作物生长信息包括作物冠层生化参数（如叶绿素含量、作物水分胁迫和营养缺素胁迫）、植物物理参数（如根茎原位形态、叶面积指数）等。作物长势信息是调控作物生长、进行作物营养缺素诊断、分析与预测作物产量的重要基础和依据。

　　遥感技术以其独特优势，正在逐渐成为农田信息获取的主要手段。利用遥感多时相影像信息研究植被生长发育的节律特征和近距离直接观测分析作物的长势信息，是目前作物长势信息采集的两个主要方法。在宏观方面，遥感技术与地理信息系统技术相结合，能够在农业资源的宏观统计工作方面发挥重大作用。

目前，国内外许多学者已经开始研究高光谱遥感在植被生物物理和生物化学信息提取方面的应用，但大部分还停留在从光谱信息反演作物冠层生化参数这一步。由于航空、航天遥感成本较高，而且信息获取滞后、信息分析处理方法有限，许多学者开始研究基于地物光谱特征间接测定作物养分和生化参数的方法。

1. 作物氮素营养诊断

（1）叶绿素仪法。由于作物冠层氮胁迫与冠层叶绿素含量有密切的相关性，即用叶绿素仪检测作物冠层叶绿素含量，然后估计作物冠层氮胁迫。但叶绿素仪得到的作物氮素含量是从测试样本的有限个点得到的，因此对整块田间作物氮含量只能做粗略的估算。

（2）多光谱图像传感器测量。测量作物叶片或作物冠层的光谱反射率，用多光谱图像传感器测量作物的归一化差异植被指数（NDVI）。我国开发的归一化差异植被指数仪，在近红外光和红光两个特征波段，通过对太阳入射光和植被的反射光进行探测，得到 NDVI 值，反演出叶面积指数（LAI）、植被盖度、发育程度、生物量等指标，可以对作物长势、营养诊断等方面做出评估。

（3）光谱仪采集。利用光谱仪对水稻等作物采集多角度光谱信息，通过构建基于不同观测角度条件下的冠层叶绿素反演指数的组合值，形成上、中、下层叶绿素反演光谱指数，可以反演作物叶绿素的垂直分布。

2. 作物水分胁迫

冠层温度能够很好地反映作物的水分状况，通过冠层温度诊断作物是否遭受水分胁迫的技术在国外已经相当成熟。我国也有许多学者研究了冠层温度或冠气温差（冠层温度和空气温度之差）与作物水分亏缺的关系。王卫星等以柳叶菜心为研究对象，利用红外测温仪、土壤含水率传感器等采集不同条件下的土壤含水率、空气温湿度和冠层温度等参数，以确定作物缺水指数经验模型的参数，并针对太阳辐射强度对模型做了改进，研制了蔬菜旱情检测系统，可实时测得田间作物的水分亏缺状态，并且通过田间试验，对相关参数进行连续自动观测，建立了适合于我国华北平原夏玉米的作物水分胁迫指数（crop water stress index,CWSI）模型。

3. 叶面信息

叶面积指数是指单位面积植物叶片的垂直投影面积的总和，是反映作物长势与预报作物产量的一个重要参数。王秀珍使用美国 ASD 背挂式野外光谱辐射仪获取两年晚稻整个生育期的光谱数据，采用单变量线性与非线性拟合模型和逐步回归分析，建立了水稻 LAI 的高光谱遥感估算模型。

4.根系信息采集

结合田间根钻取样和图像扫描分析方法，可以研究不同植物根系的长度、直径和表面积动态，以及深 0 ~ 100 厘米和宽 0 ~ 40 厘米土壤范围内的空间分布特征，与常规直尺测量结果相比，相关系数 R 达到 0.899，显示了较好的可靠性。基于多层螺旋电子计算机断层扫描（CT）技术的根系原位形态的可视化研究方法，为准确、快速、无损地实现植物根系原位形态的定性观察和定量测量提供了新思路，并完成植物根系三维骨架的构建工作。

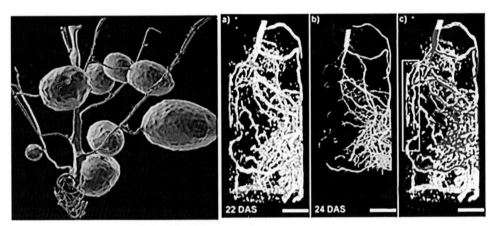

植物计算机断层扫描

在设备开发领域，德国 Frauhofer 研究院专门成立的植物表型研究团队开发了系列适用植物科学研究的计算机断层扫描系统，如便携式计算机扫描系统，台式高精度计算机断层扫描系统以及落地式大成像面积计算机断层扫描系统以及高通量根系表型断层扫描系统。实验室植物 CT 成像系统广泛应用于植物对植物根系、茎秆的内部结构变化的研究。可以无损地探索盆栽中不同植物的根系变化，也可以测量茎秆的 3D 结构。

利用计算机视觉图像中植物与背景的颜色信息、形状信息和纹理信息对植物生长状况进行检测和诊断研究是植物物理学、植物生理学、生物学、生物数学、信息技术和计算机技术等多学科交叉而形成的新研究领域。张彦娥等研究叶片颜色和营养元素含量之间的关系，应用计算机视觉技术研究了诊断温室作物营养状态的方法，分析结果表明：叶片绿色分量 C 和色度 H 分量与氮含量线性相关，可用作利用机器视觉快速诊断作物长势的指标。冯雷等以油菜为研究对象，用计算机多光谱成像技术，对氮等营养成分进行快速、准确和非破坏诊断，建立能准确反映植物营养状况的检测模型和施肥程度的定量描述模型。

二、气候信息的采集

农田气候一般指距农田地面几米内的空间气候，是各种动物、植物和微生物赖以生存的空间气候。农田气候要素包括太阳辐射、大气温度、大气湿度、风速等，随时间、地点、空间发生变化，对农田作物生长、发育与产量影响巨大。

利用传感器连续测量温度、湿度、气压、雨量、风向、风速 6 个气象要素值，将外界实时的气象要素转变为物理量（如电阻、电压、频率、脉冲信号等），然后对输入信号进行整形、转换或放大，转为数据采集器可以直接测量的物理信号。同时，该系统通过定时/计数器根据不同的气象要素观测要求，控制其采样间隔时间，对采集到的信号进行线性化和定标处理，实现工程量到要素量的转换，通过自动计算、存储各个气象要素的平均值（极值、累加值等）后，得到各个气象要素的实测值；处理后的数据通过 RS-232 接口或无线通信方式将采集到的数据传送到上位计算机后，由计算机按照一定的格式存储、显示、打印等，配合气象地面业务软件完成地面台站的业务使用。

三、土壤信息的采集

土壤信息的采集方法应根据采集目的和要求而定。一般来说，根据采集目的，土壤采样有 3 种类型：一是为了研究判定土壤的分类、分区提供基础依据，或为研究土壤肥力障碍因子而从土壤剖面上采集的土壤样品；二是从植物营养角度，为了研究或了解土壤养分状况、肥力特征、缺素诊断等而从一定区域范围内采集的土壤耕层样品；三是从环境角度，为研究土壤环境背景值，调查土壤污染物种类、污染程度等目的而专门采集的土壤样品，这里主要介绍第二种土壤信息采集的原则和方法。

1. 农田网格的划分

在地理信息系统中生成施肥处方图，有两种数据类型：一种是矢量格式的处方，另一种是栅格格式的处方。最终生成哪种格式的施肥处方应由具体需求而定。一般情况下，是由变量施肥机需要的处方图格式决定。在生成处方图的过程中，两种格式的施肥处方都需要确定处方单元的大小。处方单元大小的确定，首先要参考采样间距的大小，网格大小不要与采样间距相差过大。当网格过小，插值结果的可靠性低，意义不大；当网格过大，会浪费土壤采样信息，从而降低施肥处方准确性。另一个参考因素是变量施肥机的幅宽，处方单元的长度应该是变量施肥机幅宽的整数倍，这有利于变量施肥机实施变量作业。研究表明，以 36 米 × 36 米的农艺处方单元进行变量施肥，平衡效果良好率在 90% 以上。

2. 网格采样与区域采样

采集耕层的多点混合样品，要求在同一地形单元和同一土壤品种上合理布点。布点原则按地块形状和大小而定，主要有两种布点方式：梅花形布点和 S 形布点。其中，梅花形布点适合面积较小的长方形地块，如山区、河谷地块、科研试验地等。布点数目视地块大小以 5 ~ 8 点为宜，对于有特殊要求的试验小区，可分小区单独布点采集。S 形布点适合面积较大、土壤性质变化较小的平原地区或形状狭长的地块。采样点依 S 形分布，样点数一般不少于 8 个点。各点采集土样时，应尽量做到深度一致，上下土体一致，避免采集一些特殊区域（如施肥点、粪堆），样品混合应均匀。

采用网格采样方法，在采样网格内采用区域取样方法。具体方法如下：在卫星定位系统指引下，在采样网格内，按照梅花形采样方法取 5 个样本，取样深度为 20 厘米。具体取样方法及要求是：先用锹垂直地面向下挖出深约 20 厘米的一锹土，然后去除上面、前面和左右两边的多余土壤，保留厚 2 ~ 3 厘米、宽 10 厘米、深 20 厘米的长方体耕层土壤，作为一个土壤采样样本。为得到同一网格土壤样本的平均值，消除小距离范围内的土壤变异，将施肥网格内按照梅花形采样获得的 5 个采样点的土壤样本充分混合后，铺成正方形，画对角线分成 4 份，舍弃对角的两份，保留两份。如果土样还多，按此方法继续舍弃，直到土样大约剩余 0.5 千克，将这一土样作为一个网格的土壤样本。如图所示。

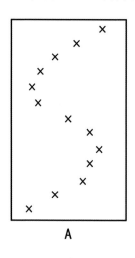
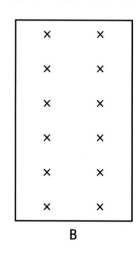
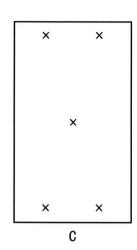

A   B   C

3. 土壤测试指标

土壤信息主要是表征土壤状况和性质的一系列参数，包括土壤质地、结构、有机质含量等。对某一特定土壤而言，这些都是基本固定不变的参数，一般不必多次测定；而诸如土壤含水量、含盐量以及土壤养分含量等，则随时间不断变化，这些信息的采集必须进行多次动态测定。

为了表征土壤养分分布，往往需要测试如下指标：pH、有机质、全氮、全磷、全钾、碱解氮、有效磷、速效钾、钙、镁、硫、硼、铜、铁、锰、锌等等。上述全部指标的测试成本比较高，试验和实际使用难以承担。为了降低采样和测土成本，以及便于将来推广变量施肥技术，可以选用如下 5 个主要指标进行养分测试：pH、有机质、碱解氮、有效磷和速效钾。

4. 正确的取样时间

取样时间一般为每年 10 月 1 日以后至封冻之前。土壤中的有效养分随着水热条件和作物吸收而变化，10月1日以后气温降低，作物已经成熟，不再从土壤中吸收养分，此时土壤中的有效养分趋于稳定，测定的结果可以代表该土壤的供肥水平。因此，在国内外中纬度地区，测土施肥都主张秋收后取样。如加拿大阿尔伯特省农业部在《施肥指南》中规定："春播耕地在10月1日之后取样，秋播耕地在播前一个月取样。"我国吉林省测土施肥工作开展得比较早，也是在秋收后取样。据报道，从4月至9月连续测定土壤中有效磷、钾，其含量范围分别为0～2.1毫克/千克和1～26毫克/千克，春季养分最高，9月养分最低。土壤速效氮的季变化与上述基本相似。

5. 取样方法和深度

传统规定耕地耕作深度通常为15～20厘米，荒地15厘米，免耕农业7.5厘米，而如果测定可溶性盐的深度，应达到30～120厘米。

取样用的工具要满足以下条件：①每个样点的土心体积相等；②使用方便，取样迅速；③达到要求的深度与上下截面积一致。因此，最好用土钻取样。在没有土钻的情况下，用锹取样时，先挖开相当于或略深于耕层的土坑，沿土坑边切下厚的土片，在土片中间留下宽2厘米的土条，即形成2厘米×2厘米的土心为一个土样。如果是垄作地块，应考虑在垄台、垄帮和垄沟分别取样，组成一个混合单样，为了简便也可只从垄帮取样。

6. 土壤信息获取的内容及方法

目前，国内外开展精确农业的实践研究，大多是从农田土壤特性的空间变异开始的，研究内容主要集中在土壤水分、土壤养分（氮、磷、钾等）、电导率、耕作阻力与耕层深度等要素的快速采集方面。

（1）土壤水分测量。 土壤水分是土壤的重要组成部分，土壤水分传感器技术是测量土壤水分的关键技术。土壤水分传感器技术的研究与发展，直接关系到精确农业变量灌溉技术的研究与发展，也与节水灌溉技术密切相关。目前，土壤水分传感器的种类很多，根据其测量原理不同，土壤水分的测量方法可分为4类：

①基于时域反射仪（TDR）原理的测量方法。该方法目前在国际上比较流行，且技术较为成熟，性能优越，但生产成本高，已有商业化产品。目前使用的TDR土壤水分仪主要有美国SEC公司生产的TRASE系统，仪器探头长度为15～70厘米时，测量精度可达98%。当前的主要问题是降低生产成本。目前，我国土壤水分的测量研究主要是在TDR基础上开发经济实用的基于驻波比、频域法原理、近红外技术的快速测量仪。

②基于中子法技术的测量方法。中子土壤水分仪能及时采集数据，不扰动

被测土壤，测量深度不限，田间操作简单，携带方便。

③基于土壤水分张力的测量方法。该方法的特点是产品价格低，但测量响应速度较慢。

④基于电磁波原理的测量方法。采用该方法的土壤水分传感器测量精度可达到2%左右，且响应速度快，产品成本也较低，适于便携式田间土壤水分采集；但该方法测量结果受土壤密度的影响比较大。

（2）土壤养分测量。土壤养分的快速测量一直是精确农业信息获取技术的难题。在西方发达国家，精确农业之所以能够得到广泛的应用，其中一个重要的原因就是土壤信息的数字化和长期积累。土壤养分快速测量的研究在国外非常受重视，日本东京农业大学的Shibusawa在1999年研究成功了应用近红外反射技术的土壤水分、有机质、pH和硝态氮的快速测量方法。目前采用的测量仪器主要有3类：

①基于光电分色等传统养分速测技术的土壤养分速测仪，国内已有产品投入使用，对农田主要肥力因素的快速测量具有实用价值，但其稳定性、操作性和测量精度尚待改进。河南农业大学开发的便携式YN型土壤养分速测仪，相对误差为5%～10%，每个项目测试所需时间比传统的实验室化学仪器分析在速度上提高了20倍。

②基于近红外技术，通过土壤或叶面反射光谱特性直接或间接进行农田肥力水平快速评估的仪器，已在试验中使用。如Hummel等通过近红外土壤传感器测量土壤在1 603～2 598纳米波段的反射光谱，预测土壤有机质和水分含量，测量相对误差分别为0.62%和5.31%。

③基于离子选择场效应晶体管(ISFET)集成元件的土壤主要矿物元素含量测量仪器在国外已经取得初步进展。Birrel等研究的ISFET/FIA土壤分析系统，可以在1.25秒的时间内完成土壤溶液硝酸钠浓度的分析，基本上可以满足实时采样分析的要求。

（3）土壤电导率测定。土壤电导率能不同程度地反映土壤中的盐分、水分、有机质含量及土壤质地结构和孔隙率等参数的大小。有效获取土壤电导率值，对于确定各种田间参数时空分布的差异具有一定意义。快速测量土壤电导率的方法有以下3种：

①电流－电压四端法。该方法属于接触式测量方法，虽为接触测量但不需要取样，基本不用扰动土体，而且在作物生长前和生长期间都可以实现实时测量，可测量不同深度的土壤电导率。但要求土壤和电极之间接触良好，在测量干燥或多石土壤电导率时可靠性差。目前，我国已经开发了一种基于电流－电压四端法的适合较小地块应用的便携式土壤电导率实时分析仪。

②基于电磁感应原理的测量方法。该方法属于非接触式测量方法，测量精度高，可测量不同深度的土壤电导率；但测量深度不如电流－电压四端法容易确定。Myers 等利用电磁感应的方法实现了电导率的非接触式检测，该传感器与土壤生产力指数联系起来，能综合反映土壤容重、持水量、盐度、pH 等参数。

③基于 TDR 原理的测量方法。该方法测量精度高，可在同一点连续自动测量；但由于是点对点测量，绘制的土壤电导率图空间分辨率比上述两种方法低。

（4）土壤 pH 检测。土壤 pH 检测大多采用 pH 试纸或 pH 玻璃电极，前者只能定性检测，后者不能在线测量。因此，这两种方法均无法满足精确农业对农田信息获取技术的要求。目前，适合精确农业要求的方法有光纤 pH 传感器和 pH 敏感场效应晶体管 (ISFET) 电极。其中，光纤 pH 传感器虽然易受环境光干扰，但在精度和响应时间上基本能满足田间实时快速采集的需要。现已研制出适于 pH1 ~ 14 范围内不同区间 pH 测量的光极，测量精度可达 ±0.001 个 pH 单位，响应时间短，可进行连续、自动测量。

（5）耕层深度和耕作阻力测定。土壤耕层深度和耕作阻力的测定可以通过测量圆锥指数（cone index,CI）来实现。CI 可以综合反映土壤机械物理性质。研究表明,它可用于表征土壤耕层深度和耕作阻力。CI 是用圆锥贯入仪(简称圆锥仪)来测定的。圆锥仪的研制工作不断发展，从手动贯入到机动贯入，从目测读数到电测记录，出现了多种多样的圆锥仪。美国成功研制了空投圆锥仪，德国正准备利用卫星测定土壤 CI 值，我国最初都是采用先从现场采样再在室内进行分析的方法。

第四节　数据存储技术

一、数据存储的基本概念

1. 数据

数据（data）是数据库中存储的基本对象，是描述事物的符号记录。数据有多种表现形式，包括数字、文字、图像、声音等等。为了方便计算机存储和处理日常生活中的事物，通常抽象出事物的特征，组成一个记录来描述。例如，在水稻审定品种库中，用品种名称、类型、第一选育单位、第一选育人、认定年份、审定编号等备注一个水稻品种的基本情况，用记录形式表示为：（龙粳 21，常规粳稻，黑龙江省农业科学院水稻研究所，潘国君，2009，黑审稻 2008008）。

这里对水稻品种的记录就是数据，结合其含义就可知道该品种的审定情况。如果不了解其语义，则无法理解该记录含义。可见，数据的形式还不能完全表达其内容，需要经过解释才能让人理解。数据的解释是指对数据含义的说明，而数据的含义称为数据的语义，这两者是紧密相连的，数据与其语义是不可分的。

2. 数据库

数据库是长期存储在计算机存储设备上的、有组织的、可共享的数据集合。这些数据按一定的数据模型组织、描述和存储，具有较小的冗余度、较高的数据独立性和易扩充性，并可共享。

3. 数据库管理系统

数据库管理系统是位于用户与操作系统之间的一层数据管理软件，研究如何科学地组织和存储数据，如何高效地获取和维护数据。它是数据库系统的一个重要组成部分，主要具有数据定义、数据操纵、数据库的运行管理、数据库的建立和维护等功能。

4. 数据库系统

数据库系统是指在计算机系统中引入数据库后的系统，一般由数据库、数据库管理系统（及其开发工具）、应用系统、数据库管理员和用户构成。数据库系统的常见结构如图所示。

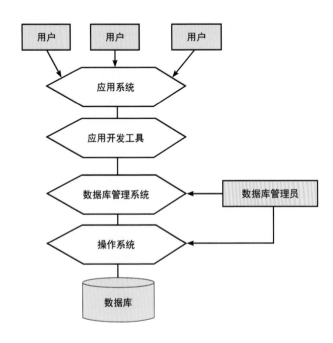

5.数据库的概念模型

（1）信息世界中的基本概念。

①实体（entity）：实体是客观世界中存在的且可相互区分的事物，可以是人也可以是物，可以是具体小物也可以是抽象概念。

②属性（attribute）：实体所具有的某一特性称为属性。一个实体可以由若干个属性来刻画。

③码（key）：唯一标识实体的属性集称为码。

④域（domain）：属性的取值范围称为该属性的域。

⑤实体型（entity type）：用实体名及其属性名集合来抽象和刻画同类实体称为实体型。

⑥实体集（entity set）：同一类型实体的集合称为实体集。

⑦联系（relationship）：现实世界中事物内部以及事物之间的联系在信息世界中反映为实体内部的联系和实体之间的联系。实体内部的联系通常是指组成实体的各属性之间的联系，实体之间的联系通常是指不同实体集之间的联系。

（2）概念模型的表示方法。概念模型能够方便、准确地表示信息世界中的常用概念。概念模型的表示方法很多，其中最为著名最为常用的是 P.P.S.Chen 于 1976 年提出的实体 – 联系方法（entity-relationship approach）。该方法用 E-R 图来描述现实世界的概念模型，E-R 方法也称为 E-R 模型。

6.数据库的数据模型

（1）数据模型的概念和组成要素。数据模型是现实世界数据特征的抽象，是数据库系统的核心和基础，各种 DBMS 软件都是基于某种数据模型。数据模型精确地描述了系统的静态特性、动态特性和完整性约束条件，通常由数据结构、数据操作和完整性约束 3 部分组成。

①数据结构：数据结构是对系统静态特性的描述，是所研究的对象类型的集合。这些对象是数据库的组成部分，包括两类：一类是与数据类型、内容、性质有关的对象，如层次模型中的数据项，关系模型中的关系；另一类是与数据之间联系有关的对象，如网状模型中的系型（set type）。

数据结构是刻画一个数据模型性质最重要的方面。因此，在数据库系统中，通常按照数据结构的类型来命名数据模型。例如，层次结构的数据模型命名为层次模型，关系结构的数据模型命名为关系模型。

②数据操作：数据操作是对系统动态特性的描述，是对数据库中各种对象（型）的实例（值）允许执行的操作的集合，包括操作及有关的操作规则。数据主要有检索和更新（包括插入、删除、修改）两大类操作。数据模型必须定义这

些操作的确切含义、操作符号、操作规则以及实现操作的语言。

③数据的约束条件：数据的约束条件是一组完整性规则的集合。完整性规则是给定的数据模型中数据及其联系所具有的制约和储存规则，用以限定符合数据模型的数据库状态以及状态的变化，以保证数据的正确、有效、相容。

数据模型应该反映和规定本数据模型必须遵守的基本的、通用的完整性约束条件。例如，在关系模型中，任何关系必须满足实体完整性和参照完整性两个条件。此外，数据模型还应提供定义完整性约束条件的机制，以反映具体应用所涉及的数据必须遵守的特定的语义约束条件。

（2）常用的数据模型。目前，数据库领域中最常用的数据模型有5种，它们是：层次模型、网状模型、关系模型、面向对象模型、对象关系模型，其中层次模型和网状模型统称为非关系模型。

非关系模型的数据库系统盛行于20世纪70年代至80年代初。在非关系模型中，实体用记录表示，实体的属性对应记录的数据项（或字段）。实体之间的联系在非关系模型中转换成记录之间的两两联系。非关系模型中数据结构的单位是基本层次联系。20世纪80年代以来，面向对象的方法和技术在计算机各个领域产生了深远的影响，促进了数据库中面向对象数据模型的研究和发展。

下面简要介绍层次模型、网状模型和关系模型。

①层次模型：层次模型是数据库系统中最早出现的数据模型，用树形结构表示各类实体以及实体间的联系。层次数据库系统的典型代表是IBM公司的IBM数据库管理系统。在数据库中定义满足下面两个条件的基本层次联系的集合为层次模型。

A. 有且只有一个结点没有双亲结点，这个结点称为根结点。

B. 根以外的其他结点有且只有一个双亲结点。

②网状模型：网状数据库系统采用网状模型作为数据的组织方式，典型代表是DBTG系统。20世纪70年代由DBTG提出的一个系统方案，奠定了数据库系统的基本概念、方法和技术。网状模型是满足下面两个条件的基本层次联系的集合。

A. 允许一个以上的结点无双亲。

B. 一个结点可以有多于一个的双亲。

可以看出，网状模型与层次模型的区别：网状模型允许多个结点没有双亲结点；网状模型允许结点有多个双亲结点；网状模型允许两个结点之间有多种联系（复合联系）；网状模型可以更直接地去描述现实世界。层次模型实际上是网状模型的一个特例。

与层次模型一样，网状模型中每个结点表示一个记录型（实体），每个记录型可包含若干个字段（实体的属性），结点间的连线表示记录型（实体）之间一对多的父子关系。

③关系模型：关系数据库系统采用关系模型作为数据的组织方式。1970年，美国 IBM 公司 San Jose 研究室的研究员 E. F. Codd 首次提出了数据库系统的关系模型。目前，计算机厂商新推出的数据库管理系统几乎都支持关系模型。

关系模型是建立在严格的数学概念的基础上。在用户观点下，关系模型中数据的逻辑结构是一张二维表。它由行和列组成，每行描述一个具体实体，每列描述实体的一个属性。对于表示关系的二维表，最基本的要求是，关系的每个分量必须是一个不可分的数据项，不允许表中再有表。其中，关系是关系模型中最基本的概念。

二、数据存储的实现方式

1. 空间数据库

（1）空间数据库概述。 空间数据库是地理信息系统在计算机物理存储介质上存储的、与具体应用相关的地理空间数据的总和，一般以一系列特定结构的文件形式组织在存储介质之上。空间数据库管理系统是能够对物理介质上存储的地理空间数据进行语义和逻辑上的定义，提供必需的空间数据查询检索和存取功能，以及能够对空间数据进行有效维护和更新的一套软件系统。空间数据库管理系统的实现是建立在常规的数据库管理系统之上的，除了需要完成常规数据库管理系统所必备的功能之外，还需要提供特定的针对空间数据的管理功能。

空间数据库与一般数据库相比，具有以下特点：

①地理系统是一个复杂的综合体，要用数据来描述各种地理要素，尤其是要素的空间位置，其数据量往往很大。

②不仅有地理要素的属性数据（与一般数据库中的数据性质相似），还有大量的空间数据，即描述地理要素空间分布位置的数据，并且这两种数据之间具有不可分割的联系。

③数据应用广泛，如地理研究、环境保护、土地利用与规划、资源开发、生态环境、市政管理、道路建设等。

通常有两种空间数据库管理系统的实现方法：一种是直接对常规数据库管理系统进行功能扩展，加入一定数量的空间数据存储与管理功能，运用这种方法比较有代表性的是 Oracle 系统等；另一种是在常规数据库管理系统之上添加一层空间数据库引擎，以获得常规数据库管理系统功能之外的空间数据存储和管理的能力，有代表性的是 ESRI 的 SDE 系统等。由地理信息系统的空间分析模型和应用模型所组成的软件，可以看作空间数据库系统的数据库应用系统，通过它不仅可以全面地管理空间数据库，还可以运用空间数据库进行分析与决策。

（2）**空间数据的管理。**空间数据的管理以给定的内部数据结构或空间图形实体的数据结构为基础，通过合理的组织管理，力求有效实现系统的应用需求。假如说内部数据结构是寻求一种描述地理实体的有效的数据表示方法，那么空间数据管理就是根据应用要求建立实体的数据结构和实体之间的关系，并把它们合理地组织起来，以便于应用。

通用的 DBMS 对数据的操作，基本上是对实体属性值的检索或者根据实体之间的关系对属性值的检索。在空间信息的分析应用中，常常要求的是实体之间关系的值，而不是实体的属性值。例如，"找出一组实体中距某个点最近的点"或"找出两个高程值之间的土地面积"。通常，在处理这一类问题时，并不是把所有可能的两两之间的距离或面积都计算好存储起来，因为用户的询问、查询是多种多样的，无法做出硬性的规定，不可能也没必要一一排列组合去计算。显然，这将大大增加存储量。在地理信息系统中，一般只存储实体的基本属性（如坐标、名称、参数值等），至于实体间的关系值，可以在需要时再通过适当的算法进行计算。这样，处理方法不仅简单，而且数据量也小。

目前，地理信息系统的数据管理基本采用数据文件管理方式。设计者根据应用目的，采取自己认为最方便、最有效的数据组织和存储管理方法，所以每个系统各不相同。例如，同样采用矢量数据结构的地理信息系统，与之相关的实体属性的编码方法、字节安排、记录格式、数据文件的组织都不一定完全一样，数据组织往往与采用的算法相联系。有些系统把图形实体的几何特征数据和属性特征数据组织在同一记录中（如地理信息检索和分析系统 GRAS），有的则完全分开（如 ARC/INFO 的 ARC 和 INFO 系统），有的在同一记录中存在部分属性数据（如 Intergraph 公司的 Microstation 系统）。

2.数据仓库技术

（1）数据仓库的概念。

数据仓库的定义：在支持管理的决策生成过程中，一个面向主题的、集成的、时变的、非易失的数据集合。

这个定义中的数据是：

①面向主题的：仓库是围绕企业主题（如顾客、产品、销售量）而组织的。

②集成的：来自不同数据源的面向应用的数据集成在数据仓库中。

③时变的：数据仓库的数据只在某些时间点或霎时间区间上是精确的、有效的。

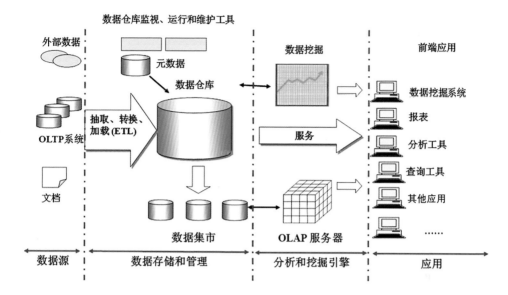

④非易失的：数据仓库的数据不能被实时修改，只能由系统定期进行刷新。刷新时将新数据补充进数据仓库，而不是用新数据代替旧数据。

数据仓库的最终目的是将全部数据集成到一个数据仓库中，用户可以方便地从中进行信息查询、产生报表和进行数据分析等。数据仓库是一个决策支撑环境，它从不同的数据源得到数据，组织数据，使得数据有效地支持企业决策。总之，数据仓库是数据管理和数据分析的技术。

（2）数据仓库的优点。

数据仓库的成功实现能带来的主要益处有：

①提高决策能力：数据仓库集成多个系统的数据，给决策者提供较全面的数据，让决策者完成更多更有效的分析。

②竞争优势：由于决策者能方便地存取许多过去不能存取的或很难存取的数据，做出更正确的决策，因而能带来巨大的竞争优势。

③潜在的高投资回报：为了确保成功实现数据仓库，必须投入大量的资金，但是据国际数据公司（IDC）的研究，对数据仓库 3 年的投资利润可达 40%。

（3）数据仓库的结构。

①数据源：数据源一般是联机事务处理（OLTP）系统生成和管理的数据（又称操作数据）。数据仓库中的源数据来自：中心数据库系统的数据，据估计被操作的数据大多数在这些系统中；各部门维护的数据库或文件系统中的部门数据；在工作站和私有服务器的私有数据；外部系统（像互联网、信息服务商的数据库或企业的供应商或顾客的数据库）的数据。

②装载管理器：又称前端部件，完成所有与数据抽取和装入数据仓库有关的操作。有许多商品化的数据装载工具，可根据需要选择和裁剪。

③数据仓库管理器：完成管理仓库中数据的有关操作，包括：分析数据，以确保数据一致性；从暂存转换、合并源数据到数据仓库的基表中；创建数据仓库的基表上的索引和视图；若需要，非规范化数据；若需要，产生聚集；备份和归档数据。数据仓库管理器可通过使用现有的DBMS（数据库管理系统），如关系型DBMS的功能来实现。

④查询管理器：又称后端部件，完成所有与用户查询有关的操作。这一部分通常由终端用户的存取工具、数据仓库监控工具、数据库的实用程序和用户建立的程序组成。它完成的操作包括解释执行查询和对查询进行调度。

⑤详细数据：在仓库的这一区域中存储所有数据库模式中的所有详细数据，这些数据通常不能联机存取。

⑥轻度和高度汇总的数据：在仓库的这一区域中存储所有经仓库管理器预先轻度和高度汇总（聚集）过的数据。这一区域的数据是变化的，随执行查询的改变而改变。将数据汇总的目的是提高查询性能。

⑦归档/备份数据：这一区域存储为归档和备份用的详细的各汇总过的数据，数据被转换到磁带或光盘上。

⑧元数据：此区域存储仓库中的所有过程使用的元数据（有关数据的数据）。元数据被用于：数据抽取和装载过程，将数据源映射为仓库中公用的数据视图；数据仓库管理过程，自动产生汇总表；作为查询管理过程的一部分，将查询引导到最合适的数据源。

⑨终端用户访问工具：数据仓库的目的是为决策者做出战略决策提供信息。这些用户利用终端用户访问工具与仓库打交道。访问工具有5类：报表和查询工具、应用程序开发工具、执行信息系统（EIS）工具、联机分析处理（OLAP）工具、数据挖掘工具。此处的执行信息系统工具，又称每个人的信息系统的工具，是一种可按个人风格裁剪系统的所有层次（数据管理、数据分析、决策）的支持工具。

（4）数据仓库DBMS。数据仓库的数据库管理软件选择比较简单，关系数据库是常用的选择，因为大多数的关系数据库都很容易和其他类型的软件集成。当然，数据仓库数据库的潜在尺寸也是一个问题。在选择一个DBMS时，必须考虑数据库的并行性、执行性能、可缩放性、可用性和可管理性等问题。

数据仓库需要处理大量数据，而并行数据库技术可以满足在性能上增长的需要，即通过多个节点解决同一问题，来解决决策支持问题。并行DBMS可同时执行多个数据库的操作，将一个任务分解为更小的部分，这样就可由多个处理器来完成这些小的部分。并行DBMS必须能够执行并行查询，同时还有并行数据装载、表扫描和数据备份／归档等。

有两个常用的并行硬件结构作为数据仓库的数据库服务器平台：

①对称多处理机（SMP）：一个紧耦合处理机的集合，它们共享内存和磁盘空间。

大规模并行处理机（MPP）：一个松耦合处理机的集合，它们各自有自己的内存和磁盘空间。

第五节　数据处理技术

一、数据预处理技术

大数据问题和模型的处理，本质上对数据质量的要求更为苛刻，这体现在其要求数据的完整性、独立性、有效性。所谓数据完整性是指数据包括所有需要采集的信息而不能含缺省项；所谓数据独立性是要求数据间彼此不互相重复和粘连，每个数据均有利用价值；所谓数据有效性则是指数据真实，并且各个方向上不偏离总体水平，在拟合函数上不存在函数梯度的毛刺现象。针对上述需求，数据的预处理工作显得尤为重要。一方面，数据的预处理工作可以帮忙排查出现问题的数据；另一方面，在预处理过程中可以针对出现的"问题数据"进行数据优化，使其变成所需的数据，从而提高数据质量。

数据的预处理过程比较复杂，主要包括：数据清洗、数据集成、数据归约、数据变换以及数据的离散化处理。数据的预处理过程主要是对不能采用或者采用后与实际可能产生较大偏差的数据进行替换和剔除：数据清洗是对"脏数据"利用分类、回归等方法进行处理，使采用数据更为合理；数据集成、归约和变换是对数据进行更深层次的提取，从而使采用样本变为高特征性能的样本数据；而数据的离散化则是去除数据之间的函数联系，使得拟合更有置信度，不受相关函数关系的制约。

二、数据挖掘技术

数据挖掘（也称数据开采）技术同数据仓库一样，是近年来数据管理与应用技术的新的研究领域，反映了人们对信息资源需求的深入。种类信息系统的出现，不仅带来信息处理的便利，而且带来了宝贵的财富，即大量的数据。这些大量的数据反映了信息的构成，并且成为信息资源，有效地利用这些数据是信息资源管理与应用的重要组成部分。这些数据背后隐藏着大量的知识，需要研究一定的方法，能够自动地分析数据、发现和描述这些数据中所隐含的规律与发展趋势，对数据进行更高层次的分析，以更好地利用这些数据。

口袋卡

数据清洗就好比心灵的净化，在这个信息爆炸的时代，人们每天都会接触到大量的数据。这些数据如同繁星般点缀在网络的天空，让人目不暇接。

然而，在这些数据中，有些是有价值的，有些则是垃圾。如何从这些数据中筛选出有价值的信息，就如同在茫茫宇宙中寻找那颗璀璨的星。而数据清洗，就是这个过程中最基础、最重要的一环。

1. 数据挖掘的概念

从技术角度考虑，数据挖掘是从大量的、不完全的、有噪声的、模糊的、随机的实际数据中，提取隐含在其中的、尚不完全被人们了解的，然而却具有潜在价值的信息和知识的过程。数据是人们获取知识的源泉，然而数据的来源是多样化的，既有结构化的，也有半结构化的，还可以是异构的数据源。发现知识的方法既可以采用数学的，也可以采用非数学的；既可以是归纳的，也可以是演绎的。知识的挖掘可以应用到信息管理、查询优化、决策支持及过程控制等诸多领域。因此，数据挖掘是一门交叉学科。

2. 数据挖掘的功能

数据挖掘是知识发现的过程，这个过程包括数据清理、数据集成、数据变换、数据挖掘、模式评估和知识表示。通过这个过程，可以发现的模式类型如下。

（1）**概念与类的描述**。特征化与区分，通过数据特征化、数据区分和特征化与比较的方法来实现。

（2）**关联分析**。确定存储数据的关联规则，提出规则的概念、意义、鉴别方法和实现技术。

（3）**分类与预测**。分类与预测是预测问题的两种主要类型，分类主要是预测分类标号（基于离散属性的），而预测是建立连续值函数模型，预测给定自变量对应的因变量的值。

（4）**聚类分析**。采用数据统计中聚类分析的方法，提出对数据聚类的标准确定、主要聚类方法的分类、数据对象的划分方法等处理。

（5）**孤立点分析**。在数据对象中，对基于统计、距离和偏离的孤立点的检测标准的确定和方法的选择。

（6）**演变分析**。描述行为随时间变化的规律与趋势，并建立相关模式。它包括时间序列数据分析、序列或周期模式匹配和类似的数据分析。

3. 数据挖掘系统的分类

数据挖掘是多学科交叉的边缘学科，从概念、技术和方法等方面与众多学科发生关联，如图所示。

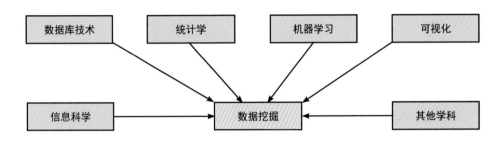

由于数据挖掘问题与多个学科相关，因此数据挖掘研究产生了大量的、不同类型的数据挖掘系统：

（1）**根据挖掘的数据库类型分类**。数据库系统可以根据不同的标准分类，数据模型不同（如关系的、面向对象的、数据仓库等），应用类型不同（如空间的、时间序列的、文本的、多媒体的等）。每一类需要对应的数据挖掘技术。

（2）**根据挖掘的知识类型分类**。根据数据挖掘的功能（如特征化、区分、关联、聚类、孤立点分析、演变分析等）构造不同类型数据挖掘模型。

（3）**根据所用的技术分类**。根据用户交互程序（如自动系统、交互探查系统、查询驱动系统等），使用相应的数据分析方法（如面向对象数据库技术、数据仓库技术、统计学方法、神经网络方法等）描述。一般应采用多种数据挖掘技术以及集成化技术，构造各种类型的数据挖掘模型。

（4）**根据应用分类**。不同的应用一般需要采用对于该应用特别有效的方法，通常根据应用系统的需求与特点确定数据挖掘的类型。

三、图像处理技术

图像处理，又称影像处理，是指利用计算机对图像进行分析，以达到所需结果的技术。图像处理一般指数字图像处理。数字图像是指用工业相机、摄像机、扫描仪等设备经过拍摄得到一个大的二维数组,该数组的元素称为像素,其值称为灰度值。图像处理技术一般包括图像压缩,增强和复原,匹配、描述和识别3个部分。

1. 图像处理的概念

广义来说,计算机图像处理泛指一切利用计算机来进行与图像相关的过程、技术或系统,它与各个领域都有很深的交叉与渗透。例如,工业生产、生物医学、智能监控、虚拟现实、生活娱乐等等。

计算机图像处理包括:对数字图像的处理、对数字图像的分析与理解、结合传感设备对实际事物的数字化图像采集,以及对图像处理结果的数字化表达等等。

2. 图像处理常用方法

(1)图像变换。由于图像阵列很大,直接在空间域中进行处理,涉及计算量很大。因此,往往采用各种图像变换的方法,如傅立叶变换、沃尔什变换、离散余弦变换等间接处理技术,将空间域的处理转换为变换域处理,不仅可减少计算量,而且可获得更有效的处理(如傅立叶变换可在频域中进行数字滤波处理)。目前,新兴研究的小波变换在时域和频域中都具有良好的局部化特性,在图像处理中有着广泛而有效的应用。

(2)图像编码压缩。图像编码压缩技术可减少描述图像的数据量(即比特数),以便节省图像传输、处理时间和减少所占用的存储器容量。压缩既可以在图像不失真的前提下获得,也可以在允许的失真条件下进行。编码是压缩技术中最重要的方法,它在图像处理技术中是发展最早且比较成熟的技术。

(3)图像增强和复原。图像增强和复原的目的是提高图像的质量,如去除噪声、提高图像的清晰度等。图像增强不考虑图像降质的原因,突出图像中所感兴趣的部分。如强化图像高频分量,可使图像中物体轮廓清晰、细节明显;强化低频分量可减少图像中噪声影响。图像复原要求对图像降质的原因有一定的了解,一般而言应根据降质过程建立"降质模型",再采用某种滤波方法,恢复或重建原来的图像。

(4)图像分割。图像分割是数字图像处理中的关键技术之一。图像分割是将图像中有意义的特征部分提取出来,其有意义的特征有图像中的边缘、区域等,是进一步进行图像识别、分析和理解的基础。虽然目前已研究出不少边缘提取、区域分割的方法，但还没有一种普遍适于各种图像的有效方法。因此，对图像分割的研究还在不断深入中，是目前图像处理中研究的热点之一。

（5）**图像描述**。图像描述是图像识别和理解的必要前提。作为最简单的二值图像，可采用其几何特性描述物体的特性；一般图像可采用二维形状描述，有边界描述和区域描述两类方法；对于特殊的纹理图像，可采用二维纹理特征描述。随着图像处理研究的深入发展，已经开始进行三维物体描述的研究，提出了体积描述、表面描述、广义圆柱体描述等方法。

（6）**图像分类（识别）**。图像分类（识别）属于模式识别的范畴，其主要内容是图像经过某些预处理（增强、复原、压缩）后，进行图像分割和特征提取，从而进行判断分类。图像分类常采用经典的模式识别方法，有统计模式分类和句法（结构）模式分类，近年来新发展起来的模糊模式识别和人工神经网络模式分类在图像识别中越来越受到重视。

3.图像处理在农业中的应用

（1）**地理信息系统中遥感影像的处理**。地理信息系统中，通过对遥感图像的处理，可以统计农作物的种植面积和耕地的数据信息。农作物种植面积的获取是农作物估产的重要基础性工作之一，是农作物遥感估产的前提和出发点。农作物种植面积的获取是在地理信息系统的支持下，以遥感影像数据为主，地面测试数据、社会经济统计数据为辅，经济、快速、准确地获取有关农作物种植面积的过程。

遥感影像的图像匹配技术通过一定的匹配算法在两幅或多幅图像之间识别同名点，如二维图像匹配中通过比较目标区和搜索区中相同大小的窗口的相关系数，取搜索区中相关系数最大所对应的窗口中心点作为同名点。其实质是在基元相似性的条件下，运用匹配准则的最佳搜索问题。该技术可用于农业场景全景图像的拼接中，在统计农作物的种植面积和耕地的数据信息中发挥着重要作用。

（2）**图像特征提取与专家经验结合实现农业中的鉴别与评价**。通过提取表面特征实现农作物特性和生长过程的监测与评价，区别出植物与土壤、杂草与农作物及鉴别叶片上的点等；通过对农业资源的调查和评估，处理卫星遥感影像，来估计农作物种植面积、虫害范围、绿化情况等；用于农产品的外观分类、定级和质量检测，如成熟度指标、不同品种的鉴别（尤其是种子）；用于农场农业数字化、现代化、信息化，如农田地块、道路、水利、林地、水库、住宅区等的详细地面空间信息。

（3）**图像识别技术**。用于从图像中分辨出农作物的类别、农作物的生长状况，为虚拟作物的研究提供基础数据。该技术在农业科技和新闻图像信息的检索等，如病虫害的图像诊断等以及农业机器人的研究和机器视觉的实现方面具有重要的意义。

（4）基于内容的图像检索技术。直接采用图像所包含的特征来检索图像，通过分析图像的这些底层特征信息，建立图像的特征矢量作为其索引。该技术可以完善搜索引擎的图像检索功能，还可以应用于农业科技情报研究者的资料检索，快速诊断出农作物的营养状况，判断出农作物的类别，寻找出具有某种形状特征的所有资料图片等等。

第四章

数字农业未来发展方向

随着科技的不断发展，人类对自然资源的需求也在不断增加。然而，地球上的资源是有限的，如何在有限的资源中满足人类日益增长的需求，成了一个亟待解决的问题。数字农业作为一种新兴的农业发展模式，正逐渐成为解决这一问题的关键途径。在未来的发展中，数字农业将成为我国农业发展的重要方向，利用信息技术、物联网技术、大数据等技术，对农业生产进行数字化、智能化、精细化的管理，提高农业生产效率、降低生产成本、提高农产品质量，数字农业在未来将会有广阔的发展前景和无限的可能性。

一、数字农业将会实现更加智能化的生产

　　通过物联网技术，农业生产将会实现自动化、远程控制、智能感知等功能，使得生产过程中的每个环节都能够得到精确的控制和管理。在种植方面，可以通过智能化传感器来监测土壤的湿度、养分等参数，根据监测结果来控制灌溉、施肥等操作，以达到节约水资源、提高产量和品质的目的；在养殖方面，可以通过智能化传感器来监测动物的体温、饮食等参数，及时发现动物的异常情况，提高养殖效益。

二、数字农业将会实现更加数据化的管理

通过大数据技术，农业生产将会实现数据化管理和分析，使得农业生产中的每个环节都能够得到精确的数据支持。在种植方面，可以通过数据化的分析来预测天气变化、病虫害发生等情况，及时采取措施来减少损失；在养殖方面，可以通过数据化的分析来优化饲料配方、提高动物健康水平等。

三、数字农业将会实现更加产业化的经营

通过电子商务、互联网等技术，农业生产将会实现产业化经营，使得农产品的销售、加工、物流等环节都能够得到优化。在销售方面，可以通过互联网平台来扩大销售渠道，提高农产品的销售效益；在加工方面，可以通过数字化技术来提高加工效率和质量；在物流方面，可以通过数字化技术来优化物流路线和提高物流效率等。

四、数字农业将会实现更加可持续的发展

通过数字化技术，农业生产将会实现资源利用高效化、环境影响最小化等目标，使得农业生产与环境保护能够更加协调发展。在资源利用方面，可以通过数字化技术来优化资源利用结构、提高资源利用效率等；在环境保护方面，可以

通过数字化技术来减少污染排放、保护生态环境等。

展望未来，数字农业将在全球范围内得到更广泛的应用和发展。数字农业的发展前景主要表现在以下几个方面：

技术创新：随着科技的不断进步，数字农业技术将不断创新和完善，为农业生产提供更多的支持和保障。

产业融合：数字农业将与现代农业、智能交通、智慧城市等领域深度融合，形成跨界融合的产业发展新格局。

绿色发展：数字农业将推动农业生产方式的转变，实现绿色、环保、可持续的发展。

全球化发展：数字农业将促进全球农业的全球化发展，实现资源的优化配置和产业的协同发展。

然而，数字农业的发展也面临着一些挑战，如技术研发和应用的难度、政策法规的完善、人才培养和技术推广等。因此，各国政府和企业应加强合作，共同应对这些挑战，推动数字农业的健康、快速发展。

总之，数字农业作为一种新型的农业发展模式，具有广阔的发展前景和巨大的市场潜力。在全球粮食安全和生态环境保护面临严重挑战的背景下，发展数字农业已成为全世界各国政府和企业的共同选择。只有不断创新和完善数字农业技术，加强国际合作和交流，才能推动数字农业的健康、快速发展，为全球农业的可持续发展做出更大的贡献。

　　在这个信息化、数字化的时代，数字农业是全球农业走向未来的关键。让我们携手构建"人类粮食安全共同体"，共同握住数字农业这把"钥匙"，开启农业现代化的大门，共同迈向更美好的未来。

图书在版编目（CIP）数据

数字农业：为农业装上智慧"脑" / 董擎辉等主编
. -- 哈尔滨：黑龙江科学技术出版社，2023.12
ISBN 978-7-5719-2237-5

Ⅰ.①数… Ⅱ.①董… Ⅲ.①数字技术 – 应用 – 农业
技术 – 研究 – 中国 Ⅳ.① S126

中国国家版本馆 CIP 数据核字 (2023) 第 246448 号

数字农业：为农业装上智慧"脑"

SHUZI NONGYE：WEI NONGYE ZHUANGSHANG ZHIHUI "NAO"

董擎辉 毕洪文 郑妍妍 王红蕾 主编

责任编辑	梁祥崇
封面设计	单 迪
出 版	黑龙江科学技术出版社
地 址	哈尔滨市南岗区公安街 70-2 号
邮 编	150007
电 话	（0451）53642106
传 真	（0451）53642143
网 址	www.lkcbs.cn
发 行	全国新华书店
印 刷	哈尔滨午阳印刷有限公司
开 本	720 mm × 1 020 mm 1/16
印 张	10.75
字 数	200 千字
版 次	2023 年 12 月第 1 版
印 次	2023 年 12 月第 1 次印刷
书 号	ISBN 978-7-5719-2237-5
定 价	80.00 元